JN071995

パワーオートメイトフォーデスクトップ

Power Automate for desktop
業務自動化

最強
The Strongest Recipe

レシピ

株式会社完全自動化研究所
小佐井 宏之 　著

アールピーエー
RPAツールによる自動化&効率化ノウハウ

SHOEISHA

本書内容に関するお問い合わせについて

このたびは翔泳社の書籍をお買い上げいただき、誠にありがとうございます。
弊社では、読者の皆様からのお問い合わせに適切に対応させていただくため、以下のガイドラインへのご協力をお願い致しております。
下記項目をお読みいただき、手順に従ってお問い合わせください。

ご質問される前に

弊社Webサイトの「正誤表」をご参照ください。これまでに判明した正誤や追加情報を掲載しています。

正誤表　https://www.shoeisha.co.jp/book/errata/

ご質問方法

弊社Webサイトの「刊行物Q&A」をご利用ください。

刊行物Q&A　https://www.shoeisha.co.jp/book/qa/

インターネットをご利用でない場合は、FAXまたは郵便にて、下記翔泳社愛読者サービスセンターまでお問い合わせください。電話でのご質問は、お受けしておりません。

回答について

回答は、ご質問いただいた手段によってご返事申し上げます。ご質問の内容によっては、回答に数日ないしはそれ以上の期間を要する場合があります。

ご質問に際してのご注意

本書の対象を越えるもの、記述個所を特定されないもの、また読者固有の環境に起因するご質問等にはお答えできませんので、予めご了承ください。

郵便物送付先およびFAX番号

送付先住所　〒160-0006　東京都新宿区舟町5
FAX番号　　 03-5362-3818
宛先　　　　 ㈱翔泳社 愛読者サービスセンター

はじめに
PREFACE

　約30年前、私が初めてパソコン（ディスプレーはなくキーボード型のパソコンをテレビにつないでプログラミングするだけのものでした）に触れた時期、周囲にパソコンをやっている人はとても少なく、解説本もほとんどありませんでした（子供だから、知らなかっただけかもしれませんが）。

　ゲームのプログラムが載っている雑誌を片手に、意味もわからずひたすらアルファベットを打ち込んで、エラーが起こったら、何時間も雑誌に載っているプログラムと自分の打った文字の違いを探すという作業を繰り返していました。その作業を続けることで、徐々にプログラミングの仕組みが理解できてきました。

　近年、働き方改革関連法の施行もあり、業務自動化を推進するためにRPA（Robotic Process Automation）の普及が進みました。しかし、「RPAで業務を自動化しなさい」といわれても、**なにからどう始めたらいいのかわからない**という悩みを多く聞きます。

　それもそのはず、RPAで業務を自動化することは、**プログラミングそのもの**なのです。確かに多くのRPAはプログラミング言語を必要としませんが、「プログラミング思考」が必要です。

　では、どうすればプログラミング思考が身に付くのか？　実はとても簡単です。私の原体験と同じように、**まず使ってみて、動かして、体感して、思い通りにいかないことに悩み、うまく動いたら喜べばいい**のです。そのうちに必ず理解できるようになります。

　「まず使ってみて、動かして、体感する」のにぴったりのツールが本書で解説しているマイクロソフトのRPA製品「**Power Automate for desktop**」です。業務を自動化するための部品が最初から豊富に用意されている上、マイクロソフトのOffice製品との相性もバツグンです。しかもWindows10/11が搭載されたパソコンにおいては**無料で使える**のです！

　今まで「RPAはちょっと難しいかも…」と敬遠してきた方もトライする絶好の機会が訪れたといえます！　ぜひ、本書を片手にPower Automate for desktopを使いこなして、どんどん身近な業務を自動化してください。

2022年10月吉日
株式会社完全自動化研究所　小佐井宏之

本書の構成

　本書はRPA初心者から、すでに業務自動化に取り組んでいるRPA中級者まで利用できるように、大きく3つのパートで構成しています。本書を活用するヒントにしてください。

1 基本知識パート

　RPA初心者でも、すぐにPower Automate for desktopを使い始められるように、RPAやPower Automate for desktopの基本的な知識や使い方を詳しく解説しています。

【Chapter】

　Chapter1　Power Automate for desktopの基本を理解しよう

2 逆引きパート

　「自動化を始めよう」または「進めよう」としたときに「〇〇するにはどうするの？」とつまずくことが多々あります。そんなときにサッと逆引きできるのがこのパートです。もちろん、気になるChapterから読み始めて、身近な業務の自動化に活用するという使い方でも構いません。

【各Chapter】

　Chapter2　デスクトップの自動操作テクニック8選
　Chapter3　業務成果に直結する！Excel操作テクニック11選
　Chapter4　超高速化！Webサイトを使った業務の時短テクニック7選
　Chapter5　今日から使える！メールを操作する3つのテクニック
　Chapter6　制御フローを使いこなそう
　Chapter7　超実践的なテクニックを身に付ける

3 本格的なフロー開発パート

　Chapter8では「業務に使える本格的なフローの開発」を1から詳しく解説しています。このレシピ通りに作成することで1本の自動化が完成します。加えて、Chapter9では2本の「実践的なフローのアイデア」を収録しています。実際にサンプルフローを動かしながらフロー作成のノウハウを身に付けてください。

【各Chapter】

　Chapter8　ExcelとWebサイトを操作する本格的なフローに挑戦しよう
　Chapter9　実践的な業務自動化に使える2つのアイデア

本書のサンプルのテスト環境と
サンプルファイル、特典ファイルについて

　本書のサンプル（サンプルフロー）は以下の環境で、問題なく動作することを確認しています。

　なお、インターネットに接続できる環境で実行していることが前提です。

- OS/ソフトウェア バージョン：Windows 11 Pro バージョン21H2
- RPAツール：Power Automate for desktop　バージョン2.22.00205.22189
- Microsoft Excel：Microsoft 365 MSO　バージョン2205（64ビット）
- ブラウザー：Microsoft Edge　バージョン103.0.1264.37（64ビット）

> **MEMO　Windows10における動作保証について**
>
> サンプルフローは「サンプルの動作環境」に記している環境で動作確認しています。「1.5　Power Automate for desktopをインストールする」においてWindows10の環境にPower Automate for desktopをインストールする手順を記述していますが、フローの動作を保証するものではありません。

■ 付属データのご案内

　付属データは、以下のサイトからダウンロードできます。

・付属データのダウンロードサイト

　URL https://www.shoeisha.co.jp/book/download/9784798174051

■ 注意

　付属データに関する権利は著者および株式会社翔泳社が所有しています。許可なく配布したり、Webサイトに転載したりすることはできません。付属データの提供は予告なく終了することがあります。あらかじめご了承ください。

■ 会員特典データのご案内

会員特典データは、以下のサイトからダウンロードして入手いただけます。

・会員特典データのダウンロードサイト

`URL` https://www.shoeisha.co.jp/book/present/9784798174051

■ 注意

会員特典データをダウンロードするには、SHOEISHA iD（翔泳社が運営する無料の会員制度）への会員登録が必要です。詳しくは、Webサイトをご覧ください。会員特典データに関する権利は著者および株式会社翔泳社が所有しています。許可なく配布したり、Webサイトに転載したりすることはできません。会員特典データの提供は予告なく終了することがあります。あらかじめご了承ください。

■ 免責事項

付属データおよび会員特典データの記載内容は、2022年9月現在の法令等に基づいています。

付属データおよび会員特典データに記載されたURL等は予告なく変更される場合があります。

付属データおよび会員特典データの提供にあたっては正確な記述につとめましたが、著者や出版社などのいずれも、その内容に対してなんらかの保証をするものではなく、内容やサンプルに基づくいかなる運用結果に関してもいっさいの責任を負いません。

付属データおよび会員特典データに記載されている会社名、製品名はそれぞれ各社の商標および登録商標です。

■ 著作権等について

付属データおよび会員特典データの著作権は、著者および株式会社翔泳社が所有しています。個人で使用する以外に利用することはできません。許可なくネットワークを通じて配布を行うこともできません。個人的に使用する場合は、ソースコードの改変や流用は自由です。商用利用に関しては、株式会社翔泳社へご一報ください。

2022年9月

株式会社翔泳社　編集部

サンプルデータと配置方法

■ サンプルデータについて

サンプルデータは図0.1のような構成になっています。

図0.1:サンプルデータ

■ サンプルデータの配置方法

本文中で使用しているサンプルデータをご自分のパソコン内に配置してください。本書を読み始める前に準備してもいいですし、必要になったタイミングでもいいです。

STEP1 サンプルデータをダウンロードする

サンプルデータは以下のサイトからダウンロードできます。

URL https://www.shoeisha.co.jp/book/download/9784798174051

STEP2 [PAD] フォルダーをドキュメントフォルダーに配置する（図0.2）

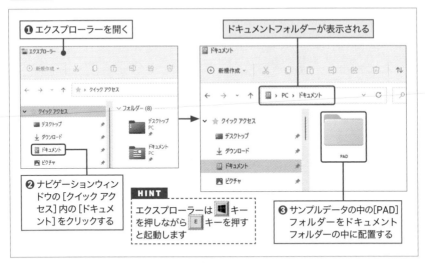

図0.2：[PAD] フォルダーをドキュメントフォルダーに配置

■ サンプルデータの説明

　サンプルデータの内容を説明します。[PAD] フォルダーを開いてください。図に示したようになっています（図0.3）。

図0.3：サンプルデータの内容

> 🔍 **HINT** ドキュメントフォルダーのパスは環境によって変わります
>
> 本書で「ドキュメントフォルダー」と記述しているフォルダーの実際のパスは、OSが Windows10またはWindows11の場合、「**C:¥Users¥ログインユーザー名¥Documents**」です。ただし、[ドキュメント] をOneDriveに保存する設定にしている場合は、「C:¥Users¥ログインユーザー名¥OneDrive¥ドキュメント」です。ログインユーザー名はOSにログインするユーザーによって変わります。
> ドキュメントフォルダーをエクスプローラーで開く方法は「サンプルデータの配置方法」の **STEP2** を参照してください。

[Data] フォルダーの中には以下のファイルが入っています。

❶ テストメール本文.txt：「5.1　メールを送信するには」で使用します。
❷ メール送信先リスト.xlsx：「9.2　Excelの送信先リストと連携してメールを送信する」で使用します。
❸ 商品マスタ.xlsx：「8.5　Excelの商品マスタを取得する」で使用します。
❹ 担当一覧.xlsx：「9.1　データとマスタを結合して帳票を作成する」で使用します。
❺ 店舗マスタ.csv：「3.9　CSVファイルからデータを読み取るには」、「3.10　Excelワークシートにテキストを書き込むには」で使用します。
❻ 店舗マスタ.xlsx：「3.2　既存のExcelドキュメントを開くには」、「3.7　Excelワークシートからセルの値を読み取るには」、「3.8　Excelワークシートからデータを読み取るには」、「3.11　キー送信によってExcelを操作するには」で使用します。
❼ 店舗マスタ2.xlsx：「3.8　Excelワークシートからデータを読み取るには」で使用します。
❽ 売上明細1.xlsx：「9.1　データとマスタを結合して帳票を作成する」、「9.2　Excelの送信先リストと連携してメールを送信する」で使用します。

[Flow] フォルダーの中には以下のファイルが入っています。これらのファイルの使用方法は次項の「サンプルフローの使い方」で解説しています。

❶ 1　サンプルフロー.txt
❷ 3.4　ワークシート追加.txt
❸ 3.5　ワークシートアクティブ化.txt
❹ 3.6　データの範囲を取得.txt
❺ 3.7　セルの値を読み取り.txt
❻ 3.8　ワークシートから読み取り1.txt
❼ 3.8　ワークシートから読み取り2.txt
❽ 3.8　ワークシートから読み取り3.txt
❾ 3.10　ワークシートに書き込み.txt
❿ 3.11　列を選択するには1.txt
⓫ 3.11　列を選択するには2.txt
⓬ 4.7　Webサイトログイン.txt
⓭ 6.1　Loop.txt

Introduction　サンプルフローの使い方

[Flow] フォルダーの中のサンプルフローの内容をコピーして、フローデザイナーに貼り付けることで、フローを復元することができます（**図0.4**）。

フローデザイナーの使い方などはChapter1で解説していますので、最初に**Chapter1を読んで、Power Automate for desktopの使用方法に慣れてから**、お読みください。

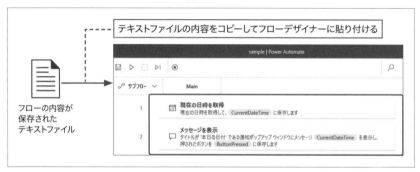

図0.4：サンプルフローをフローデザイナーに貼り付ける

■ サンプルフローからフローを復元する

サンプルフローからフローを復元する例を解説します。サンプルデータが配置されていることを前提としています。

STEP1 新しいフローを作成する

新しいフローを作成する方法は「**1.8　新しいフローを作成する**」を参照してください。すでにフロー[sample]を作成して保存している場合は、フロー[sample]の中のアクションをすべて削除してください。

STEP2 フローを保存したテキストファイルを開く（図0.5）

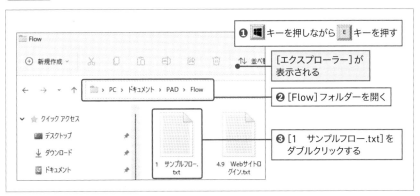

図0.5：テキストファイルを開く

STEP3 テキストファイルの内容をコピーする（図0.6）

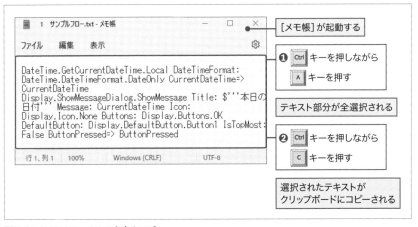

図0.6：テキストファイルの内容をコピー

STEP4 テキストファイルの内容を貼り付ける（図0.7）

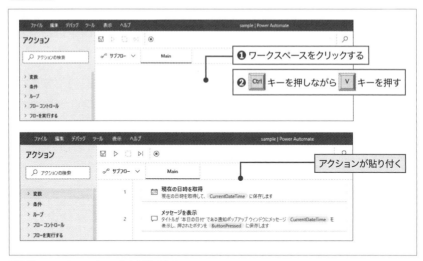

図0.7：テキストファイルの内容を貼り付ける

STEP2 で開いた［1　サンプルフロー.txt］は閉じてください。

　これでフローを復元する操作が完了しました。他のサンプルフローを復元する場合もテキストファイルが変わるだけで、他は同じ手順です。

CONTENTS

CHAPTER1 Power Automate for desktopの基本を理解しよう 001

CHAPTER7 超実践的なテクニックを身に付ける (207)

CHAPTER8 ExcelとWebサイトを操作する本格的なフローに挑戦しよう 245

CHAPTER9 実践的な業務自動化に使える2つのアイデア 283

⊨ CHAPTER1 ⊨

Power Automate for desktopの基本を理解しよう

本ChapterではRPAおよびPower Automate for desktopの基本的な知識について解説しています。「Power Automate for desktopを触ったことがない」という方は本Chapterの内容を実践して、動かせる環境を準備してください。Power Automate for desktopを動かせるようになったら、簡単な自動処理を作成してPower Automate for desktopに慣れていきましょう。また、最後のセクションでは「変数」についても解説しています。これからPower Automate for desktopを利用していく上で欠かせない知識だからです。

RPAの基本を知る

1.1.1 RPAは仕事を自動的に行うソフトウェア

RPAとはロボティック・プロセス・オートメーション（Robotic Process Automation）の頭文字をとったもので、**定型的なパソコン作業をソフトウェアによって自動化を図る**という概念です。本書で解説するPower Automate for desktopはこの概念に基づくRPAツールのひとつで、**様々なパソコン作業を自動的に実行するソフトウェアのロボット**です（**図1.1**）。

あらかじめRPAにパソコン作業の手順を設定しておくことで、アプリケーションの起動、キー入力、ファイルの読み書き、メールの送受信などを正確に行ってくれます。

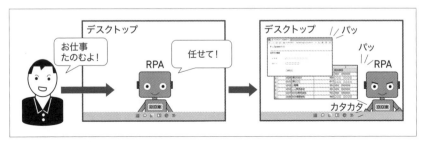

図1.1：RPAの概略

RPAを活用することで業務の効率化につながります。2019年4月に施行された**働き方改革関連法を背景に、バックオフィスを中心に業務効率化の需要が高まっているため、RPAのニーズが高まってきています。

1.1.2　RPAは定型業務の自動化に向いている

　RPAは次のような「**定型業務**」を自動化することが得意です。RPA向きの業務を知ることでRPAの効果を得やすくなります。

> ❶ 手順が決まっていて、変更が少ない業務
> 　手順が決まっていて、これからも続けていくことがわかっている業務はRPAに向いています。逆に、「ときと場合によって手順や扱うデータを柔軟に変更しないといけない業務」や「一度しか行わない業務」は向いていません。
> ❷ 人の判断が入らずに進められる業務
> 　途中で人の判断が入らず、最初から最後まで1台のパソコン内で完結する業務は向いています。
> ❸ 同じ操作を繰り返す業務
> 　「大量のデータの入力を繰り返す業務」のように「人が行ったら大変な労力がかかるし、ミスも発生しやすい業務」の自動化に向いています。

1.1.3　ITエンジニアでなくても開発できる

　RPAが登場するまで、**ITを利用した業務改善**や**既存システムに対する機能追加の要望**はシステム部門や外部のIT企業に依頼しなければならないものでした。時間も費用もかかるため、あきらめなければならないケースも多々あったのではないでしょうか（**図1.2**）。

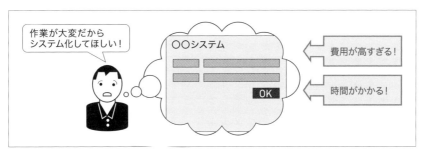

図1.2：RPAが登場するまでの要望

しかし、RPAを利用すれば、**ITエンジニアでないユーザー部門の方でも自分の力で自動化する**ことが可能になります（図1.3）。

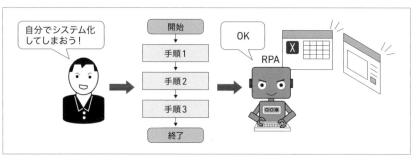

図1.3：RPAの登場

> 📑 **MEMO**　**なんでもRPA化していいのか？**
>
> **ITシステムを導入したり、改修したりした方が効率的なケース**（例えば会社全体で使う機能や高速性が求められる機能、高いセキュリティが求められる機能など）もあるので、**「なんでもRPA化する」ことは避けなければなりません。**
> 個別業務を自動化する場合には「RPA化すべきか？　システム化すべきか？」という問題が発生することはあまりないと思いますが、IT部門と協力してRPA化を進められるといいですね。

Power Automate for desktop について知る

1.2.1 Power Automate for desktop は「Power Automate」の一機能

Power Automate for desktop はマイクロソフトが提供している「Power Automate」の一機能です。

Power Automate は大きく2つの機能に分類することができます。1つは「**クラウドフロー**」です。一般的に「Power Automate」といった場合、こちらのクラウドフローのことを指します。様々なクラウドサービスを連携することができます（図1.4❶）。

もう1つが「**デスクトップフロー**」です。前身は Power Automate（クラウドフロー）に含まれる「UI Flow」です。2020年に Power Automate Desktop、**2021年に Power Automate for desktop へと改称**しました。WebブラウザーやExcelなどのアプリケーションの操作やファイルの操作などを自動化することができます（図1.4❷）。本書ではこちらを解説しています。

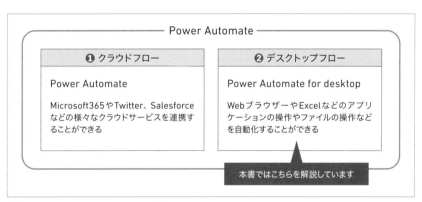

図1.4：Power Automate の2つの機能

1.2.2 〈 ユーザー部門でも作成できる

Power Automate for desktopには自動化に必要な部品が最初から豊富に用意されています。この部品のことを**「アクション」**と呼びます（図1.5❶）。

複数のアクションを組み合わせるだけで簡単に自動化を実現することができます（図1.5❷）。そのため、ユーザー部門でも自力で自動化が可能です。

アクションの組み合わせのまとまりのことをPower Automate for desktopでは**「フロー」**と呼びます（図1.5❸）。

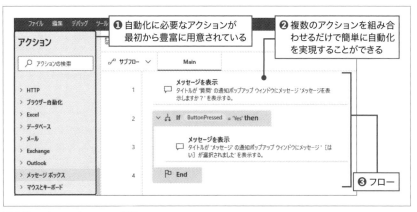

図1.5：アクションとフローの関係

フローを作成するために、**特定のプログラミング言語でプログラムを記述する必要はありません。**アクションの設定画面で必要な情報を入力したり選択したりするだけで作成できます（図1.6）。

図1.6：アクションの設定画面

Power Automate for desktopの基本を理解しよう

　このようにアクションの設定だけで、アプリケーション開発や自動化処理を開発できるツールのことを「**ローコード（low code）**」と呼びます。**プログラミング言語を学ぶ必要がない**ため、プログラミングの経験のないユーザー部門でもフローの作成が可能です。

> **HINT　本当にプログラミングは必要ではないのか？**
>
> Power Automate for desktopはローコードツールですから、特定のプログラミング言語を身に付ける必要はありませんが、本格的に業務を自動化するには**プログラミングの「基本的な知識」**が必要になってきます。
> プログラミングの基本的な知識を身に付けることで、自分の意図した通りにフローを構築することができるようになってきます。
> 「プログラミング？　難しそう！」と思った方もいると思いますが、安心してください。**プログラミングの基本は非常にシンプル**なので、すぐに身に付きます。
> プログラミングの基本的な知識については「**1.12　変数を理解する**」と「**Chapter 6 制御フローを使いこなそう**」で解説しています。

1.2.3　Windows10/11が搭載されたパソコンでは無料で利用できる

　2021年3月からWindows10が搭載されたパソコンにおいて、**無料で使えるようになった**ことがPower Automate for desktopが注目された大きな要因でしょう。
　さらに**Windows11では標準でインストールされて**います。Windows10ではインストーラーをダウンロードしてきて、インストールを実施する必要があったので（インストール方法は「**1.5　Power Automate for desktopをインストールする**」で解説しています）、Windows11からPower Automate for desktopがより身近な存在になったといえるでしょう。
　無料でも幅広い自動化を実現することができますが、有料のライセンスを取得すると、さらに自動化の幅が広がります。ライセンスの種類による利用可能な機能の違いについては、「**1.4　ライセンスの基本を知る**」をお読みください。

1.2.4　他のマイクロソフト製品と密に連携できる

　マイクロソフトが提供しているツールなので、日頃の業務の中で使用している**Excel**や**Outlook**、**Microsoft Edge**などと密に連携することができます。

Microsoftアカウントを作成する

1.3.1 Microsoftアカウントもしくは組織アカウントが必要

Power Automate for desktopを利用するためには**Microsoftアカウント（個人アカウントとも呼ばれる）、もしくは組織アカウント（職場または学校アカウントとも呼ばれる）が必要**です。本書はMicrosoftアカウントを使用してPower Automate for desktopを利用することを前提としています。すでにMicrosoftアカウントを持っている場合は、本セクションは飛ばしてください。

1.3.2 Microsoftアカウントを取得して設定しよう

Microsoftアカウントを取得して、設定する手順を解説します。

STEP1 Microsoft Edgeを起動する（図1.7）

図1.7：Microsoft Edgeの起動

Power Automate for desktop の基本を理解しよう

HINT　デスクトップのタスクバーに[Microsoft Edge]アイコンがない場合

デスクトップのタスクバーに[Microsoft Edge]アイコンがない場合に、Microsoft Edgeを起動する方法を解説します（図1.8）。

図1.8：タスクバーに[Microsoft Edge]アイコンがない場合に、Microsoft Edgeを起動する方法

HINT　Microsoft Edge以外のブラウザーを使用する場合

Microsoft Edge以外のブラウザーでもMicrosoftアカウントを作成する操作は可能です。本書では**ブラウザーを使用する操作はすべてMicrosoft Edgeを使っている**ので、本書を参考にして学習したい場合、Microsoft Edgeを使用することをお勧めします。

STEP2　MicrosoftアカウントのWebページにアクセスする（図1.9）

図1.9：MicrosoftアカウントのWebページにアクセス

STEP3 ［アカウントを作成］をクリックする

　Microsoft アカウントの Web ページが表示されるので、［アカウントを作成］を
クリックしてください（**図1.10**）。

図1.10：［アカウントを作成］をクリック

STEP4 Microsoft アカウントを作成する（**図1.11**）

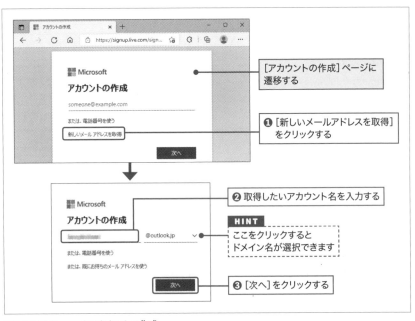

図1.11： Microsoft アカウントの作成

Power Automate for desktop の基本を理解しよう

すでに持っているメールアドレスをMicrosoftアカウントにしたい場合

すでに使っているGmailなどのメールアドレスを入力することもできます。「someone
@example.com」と表示されている欄にメールアドレスを入力して、[次へ]をク
リックしてください（**図1.12**）。

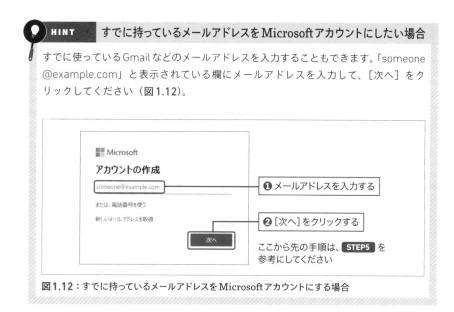

❶ メールアドレスを入力する

❷ [次へ]をクリックする

ここから先の手順は、 STEP5 を
参考にしてください

図1.12：すでに持っているメールアドレスをMicrosoftアカウントにする場合

STEP5 パスワードを作成する（図1.13）

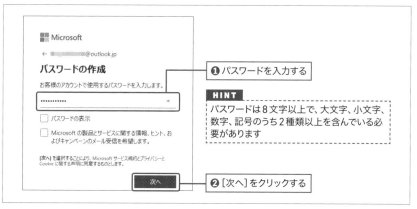

❶ パスワードを入力する

HINT
パスワードは8文字以上で、大文字、小文字、
数字、記号のうち2種類以上を含んでいる必
要があります

❷ [次へ]をクリックする

図1.13：パスワードの作成

STEP6 ロボットでないことを証明する（図1.14）

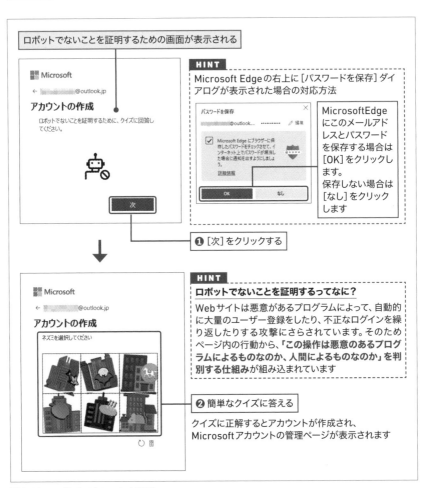

図1.14：ロボットでないことの証明

ロボットでないことの証明を行った後、「サインインの状態を維持しますか？」と
尋ねられるので、[はい] をクリックしてください。
Microsoftアカウントの管理画面が表示されます。

STEP7 アカウント情報を設定する（図1.15）

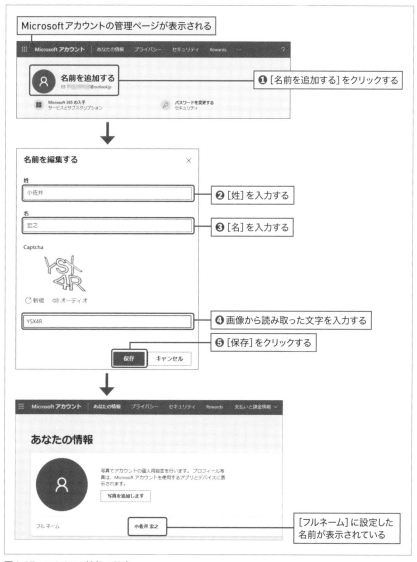

Microsoftアカウントの管理ページが表示される

❶ [名前を追加する] をクリックする

❷ [姓] を入力する

❸ [名] を入力する

❹ 画像から読み取った文字を入力する

❺ [保存] をクリックする

[フルネーム] に設定した
名前が表示されている

図1.15：アカウント情報の設定

これでMicrosoftアカウントの取得と設定は完了です。

ライセンスの基本を知る

Power Automate for desktop を利用する際には、Microsoft アカウントもしくは組織アカウントを使用し、サインインする必要があります。アカウントの種類によって、利用できる機能が異なります。

1.4.1 アカウントの種類と利用できる機能

アカウントの種類によって利用できる機能が変わります（表1.1）。

表1.1：アカウントの種類と機能

項目	Microsoft アカウント	組織 アカウント[1]	組織の有償 アカウント
Power Automate for desktop の利用	無料	無料	無料
Power Automate for desktop の手動実行	○	○	○
アテンド型RPAデスクトップフローの スケジュール実行[2]	×	×	○[3]
フローの実行監視、ログの表示	×	×	○
フローの共有	×[4]	×[4]	○

※1）組織アカウント：職場または学校アカウント
※2）アテンド型RPA：Windowsにユーザーがログインしている状態で実行されるRPA。ユーザーとRPAが共同で業務を実行する半自動化に向いている。一方、Windowsにユーザーがログインしていない状態であっても、バックグラウンドで実行されるRPAを非アテンド型のRPAと呼ぶ
※3）非アテンド型の完全自動実行のためには、非アテンド型RPAアドオンの購入が必要
※4）コピー＆ペーストにより共有することはできる（本書のサンプルフローもこの方式を利用している）

ライセンスについては変更があるかもしれませんので、以下のサイトをご確認ください。

- Power Automate 価格
 URL https://powerautomate.microsoft.com/ja-jp/pricing/

Power Automate for desktop の基本を理解しよう

1.4.2 有償アカウントを検討するのはどんなとき？

本書では無償のMicrosoftアカウントでPower Automate for desktopを活用する方法を解説していますが、有償アカウントを検討するのはどのような場合なのでしょうか？

■1 フローをスケジュール実行したい

「毎朝7時から売上集計表を自動的に作成し、8時ちょうどに関係者にメール送信したい」といった要望がある場合は、無人でスケジュール実行するために、有償アカウントが必要となります。休日も含めて、手動で毎日実行するのは、かなり無理があります。

■2 フローを簡単に共有したい

無償のMicrosoftアカウントでもアクションをコピーしてテキストとして保存し、他のユーザーに渡すことができます。本書のサンプルフローの提供もこの方法を用いています。

しかし、企業として多人数でフローを簡単に共有したい場合は、有償アカウントを検討してください。詳しくは以下のURLをご参照ください。

- Microsoft Power Automateドキュメント：デスクトップフローを管理する
  URL https://docs.microsoft.com/ja-jp/power-automate/desktop-flows/manage

■3 フローの稼働状況を監視したい

企業としてPower Automate for desktopを運用していくにあたり、フローが想定通りに実行されているかどうかを管理することが必要な場合は、有償アカウントを検討してください。詳しくは以下のURLをご参照ください。

- Microsoft Power Automateドキュメント：デスクトップフローの実行を監視する
  URL https://docs.microsoft.com/ja-jp/power-automate/desktop-flows/monitor-desktop-flow-runs

Power Automate for desktopをインストールする

Microsoftアカウントを取得したら、さっそくPower Automate for desktopをインストールしましょう！

1.5.1 Windows11には標準でインストールされているのでインストールは不要

OSがWindows11の場合、Power Automate for desktopが**最初から標準でインストールされています**。Power Automate for desktopをインストールする必要はありません。起動の方法は「**1.6 Power Automate for desktopを起動する**」で解説しています。

1.5.2 Windows10は無料でインストールできる

Windows10の場合、Power Automate for desktopのインストールが必要ですので、インストール方法を解説します。

> **MEMO Windows10での動作を保証してはいない**
>
> 本書はWindows11の環境での動作を確認しています。また、Windows10の環境にPower Automate for desktopをインストールする手順を解説しますが、この後、本書で解説するPower Automate for desktopの動作を保証するものではありません。Windows10とWindows11では、Power Automate for desktopの更新タイミングやバージョンが多少異なるので、同じフローが動作しない可能性があるからです。本書を参考にする場合、**Windows11の環境を入手いただくことをおすすめします。**

Power Automate for desktopの基本を理解しよう

STEP1 Microsoft Edge を起動する（図1.16）

図1.16：Microsoft Edge の起動

STEP2 Power Automate for desktopのWebページにアクセスする（図1.17）

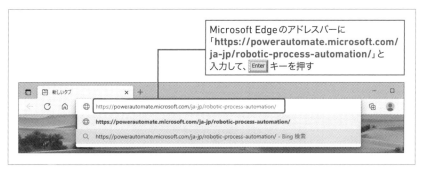

図1.17：Power Automate for desktop の Webページにアクセス

> **MEMO** Webページは変わる
>
> Power Automate for desktopのWebページはたびたび変更されます。最新の情報
> は著者のサイトで案内しています。
> URL https://marukentokyo.jp/microsoftrpa_install/

STEP3 Power Automate for desktopのインストーラーをダウンロードする
（図1.18）

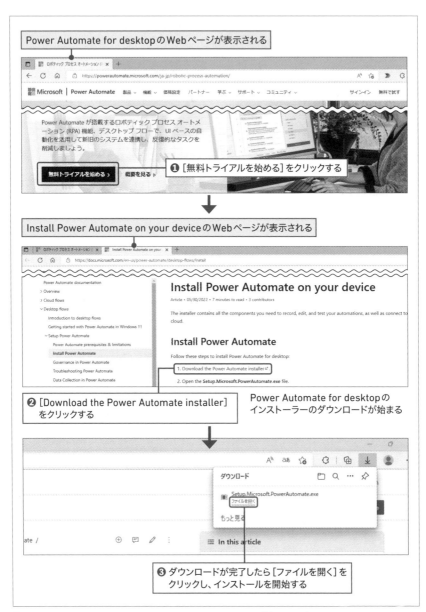

図1.18：Power Automate for desktopのインストーラーのダウンロード

STEP4 Power Automate for desktopをインストールする（図1.19）

[Power Automate パッケージをインストール] 画面が表示される

❶ [次へ] をクリックする

[インストールの詳細] 画面が表示される

❷ Microsoftの使用条件の同意にチェックする

❸ [インストール] をクリックする

インストールが開始されると、［ユーザーアカウント制御］画面が表示されるの
で、［はい］をクリックしてください。しばらく待つとインストールが完了します。

[インストール成功] 画面が表示される

[アプリを起動する] をクリック後、Power Automate for desktop が起動し
ます。

図1.19：Power Automate for desktop のインストール

HINT　拡張機能を有効にするには

［インストール成功］画面の「1. 拡張機能を有効化する」にあるGoogle Chromeと
Microsoft Edgeのリンクをクリックすることで、それぞれのブラウザーに拡張機能
をインストールすることができます。**Chapter4** でMicrosoft Edgeに拡張機能をイ
ンストールする方法について解説しているので、STEP4 ではインストールせずに進
みます。

Power Automate for desktop の基本を理解しよう

1.6 Power Automate for desktopを起動する

Power Automate for desktopのインストールが完了しました。初めてPower Automate for desktopを起動するときは、Microsoftアカウントでサインインする必要があります。

1.6.1 Power Automate for desktopを起動する

「**1.5.2 Windows10は無料でインストールできる**」の通りに操作を行った場合は、Power Automate for desktopがすでに起動しているはずですので、「**1.6.2 サインインを開始する**」に進んでください。

Power Automate for desktopが起動していない場合は**図1.20**の操作を行ってください。

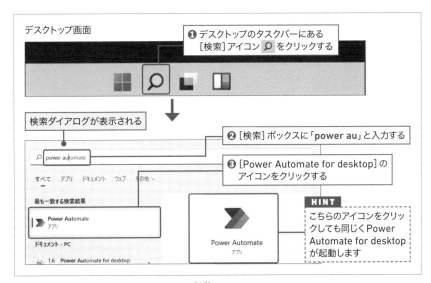

図1.20：Power Automate for desktop の起動

1.6.2 〈 サインインを開始する

STEP1 Microsoftアカウントを入力して [サインイン] をクリックする (図1.21)

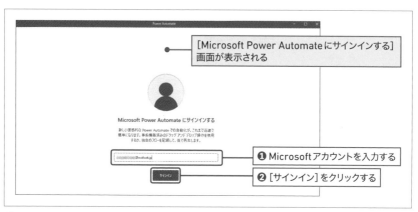

図1.21：Microsoftアカウントを入力して[サインイン]をクリック

STEP2 パスワードを入力して [サインイン] をクリックする (図1.22)

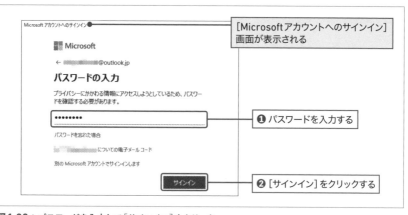

図1.22：パスワードを入力して[サインイン]をクリック

💡 **HINT** 2段階認証を使用している場合

Microsoftアカウントで2段階認証（パスワードと任意の連絡方法の2種類で認証する方法）を使用している場合は [Microsoftアカウントへのサインイン] 画面が異なります。

Power Automate for desktop の基本を理解しよう

STEP3 [次へ] をクリックする（図1.23）

図1.23：［次へ］をクリック

STEP4 [国 / 地域の選択] のドロップダウンリストから [日本] を選択する

　[国 / 地域の選択] のドロップダウンリストから [日本] を選択して、[開始する] をクリックするとコンソールが起動します（**図1.24**）。初回起動時は、ツアー（クイックツアーと「製品を開始する」ツアー）が表示されます。

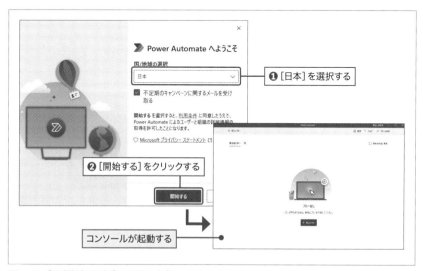

図1.24：［国/地域の選択］のドロップダウンリストから［日本］を選択

HINT ── Power Automate for desktop の起動を簡単に行うには

Power Automate for desktop の起動を簡単に行う方法を2つ紹介します。

方法1 Power Automate for desktop の設定を行う方法（図1.25）

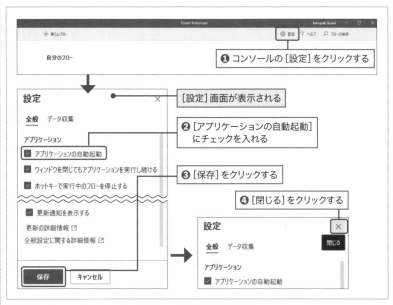

図1.25：Power Automate for desktop の設定を行う方法①

この設定を行うと次回からOSを起動するときにPower Automate for desktop も自動的に起動します。タスクバーのインジケーターからアクセスできるようになります（図1.26）。

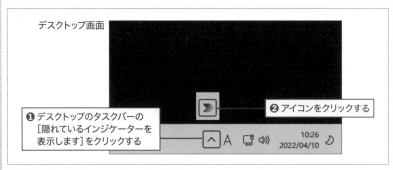

図1.26：タスクバーのインジケーターからPower Automate for desktop にアクセス

方法2 タスクバーにピン留めする方法

　Power Automate for desktop を終了してもタスクバーにアイコンが表示されるようにします。次からはこのアイコンをクリックするだけで起動します（図1.27）。

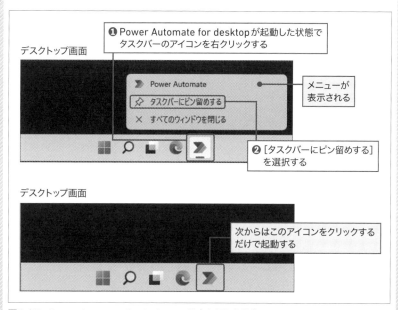

❶ Power Automate for desktop が起動した状態で
タスクバーのアイコンを右クリックする

デスクトップ画面

メニューが
表示される

❷［タスクバーにピン留めする］
を選択する

デスクトップ画面

次からはこのアイコンをクリックする
だけで起動する

図1.27：Power Automate for desktop の設定を行う方法②

　もちろん、**方法1** と **方法2** を併用しても構いません。

1.6

Power Automate for desktop を起動する

1.7
Power Automate for desktopの画面を理解する

Power Automate for desktopを利用する環境が整ったので、Power Automate for desktopの画面構成を把握しましょう。最初からすべてを覚える必要はありません。フローを作成しているときにわからなくなったら、本セクションに戻って確認してください。

Power Automate for desktopはフローの実行と管理を行う「**コンソール**」とフローの作成と編集を行う「**フローデザイナー**」という2つの画面から構成されています。それぞれ解説します。

1.7.1 コンソール

Power Automate for desktopを起動したときに、最初に現れる画面がコンソールです。コンソールではフローの実行と管理を行います（**図1.28**）。

図1.28：コンソール

❶ 新しいフロー：新しいフローを作成することができます。
❷ サインインアカウント名：サインインしているアカウント名が表示されます。
❸ 設定：Power Automate for desktopの設定を行います。
❹ フローの一覧：すべてのフローが一覧で表示されるエリアです。

フローの一覧をもう少し詳しく解説します（**図1.29**）。

左余白縦書き：Power Automate for desktopの基本を理解しよう

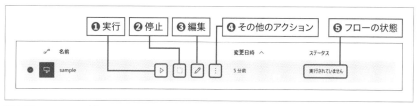

図 1.29：フローの一覧

1. 実行：フローを実行します。フローの実行については「**1.10　フローを実行する**」で解説しています。
2. 停止：フローを停止します。
3. 編集：フローを編集するためのフローデザイナーが起動します。
4. その他のアクション：フローの削除、名前の変更、コピーができます。
5. フローの状態：フローの現在の状態が表示されます。ダウンロード中、実行中などがあります。

1.7.2　フローデザイナー

フローデザイナーはアクションを組み合わせてフローを作成する際に使用します（図 1.30）。

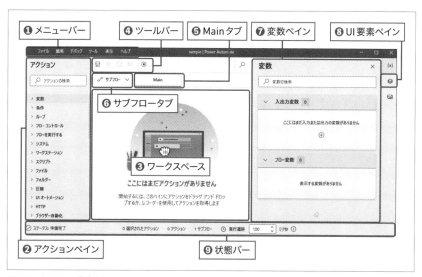

図 1.30：フローデザイナー

❶ メニューバー：フローの保存や実行などフローの作成に必要な各種操作にアクセスできます。

❷ アクションペイン：自動化に必要な部品である「アクション」がグループごとに分類されて格納されています。

❸ ワークスペース：アクションを組み合わせてフローを作成するためのスペースです。

❹ ツールバー：フローの保存やデバッグモードでの実行（実行方法については**「1.10　フローを実行する」**で解説しています）など、フローの作成に必要な機能にアクセスできます。またレコーダー機能のボタンが配置されています。

❺ Mainタブ：Mainタブに記述したフローは、フローを実行したときに必ず最初に実行されます。Mainタブはサブフロータブの1つですが、「削除できない」「名前を変更することができない」という特徴があるので、分けて解説します。以後、**Mainタブのフローのことをメインフロー**と呼びます。

❻ サブフロータブ：サブフローを使うことで、アクションの組み合わせを1つのまとまりにすることができます（サブフローについては**「7.4　サブフローを活用しよう」**で解説しています）。サブフロータブでは、サブフローの一覧が表示されます。

❼ 変数ペイン：フローで使用する変数の検索や変数に格納された値の確認などができます（変数については**「1.12　変数を理解する」**で解説しています）。

❽ UI要素ペイン：フローで使用するUI要素が管理できます（UI要素については**「4.4　Webページのボタンをクリックするには」**で解説しています）。

❾ 状態バー：フローのステータス、選択されたアクション、フロー内のアクション数、サブフローの数などが表示されています。フローの実行中にはフロー実行開始時点からの経過時間や、エラーの数が表示されるので、フローのテストを行う際に活用できます。

1.8 新しいフローを作成する

━ CHAPTER1 ━

「**1.6 Power Automate for desktopを起動する**」でコンソールを起動することができたので、新しいフローを作成しましょう。

1.8.1 新しいフローを作成するには［新しいフロー］をクリックする

STEP1 ［新しいフロー］をクリックする（図1.31）

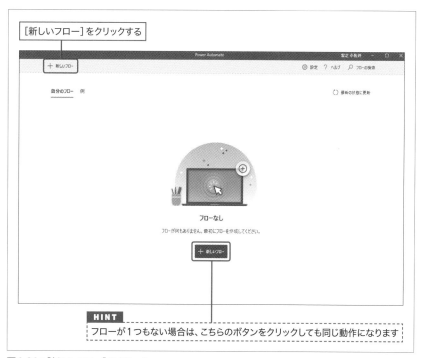

［新しいフロー］をクリックする

HINT
フローが1つもない場合は、こちらのボタンをクリックしても同じ動作になります

図1.31：［新しいフロー］をクリック

STEP2 フロー名を入力して［作成］をクリックする（図1.32）

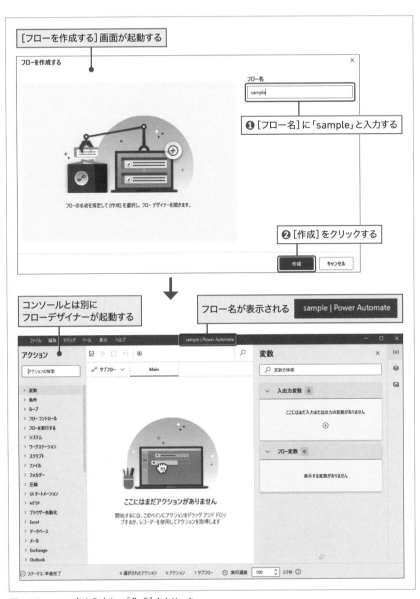

図1.32：フロー名を入力して［作成］をクリック

MEMO フロー［sample］は何度も使いまわす

本書では今後、多くのフローを作成して解説していますが、「新規にフローを作成してください」とは記述していません。フローを作成する記述がない場合は、本セクションで作成したフロー［sample］を使っていると解釈してください。

1.8.2 関連セクション

フロー［sample］を使うのではなく、新しいフローを作成しているのは、以下のセクションです。

- ⮞ 4.7　レコーダーを使って記録するには
- ⮞ 7.5　エラー処理を行うには
- ⮞ 7.6　失敗する可能性のある処理をリトライ実行するには
- ⮞ 9.1　データとマスタを結合して帳票を作成する
- ⮞ 9.2　Excelの送信先リストと連携してメールを送信する

初めてのフローを作成する

「**1.8 新しいフローを作成する**」で「sample」という名前のフローを作成しました。といっても、まだ**フローの入れ物**ができただけです。これから初めてのフローを作成してみましょう！

1.9.1 さっそくフローを作成してみよう

STEP1 [メッセージを表示] アクションをワークスペースにドラッグ＆ドロップする（図1.33）

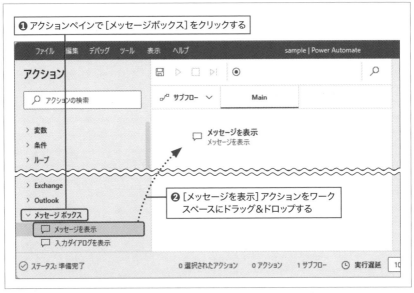

図1.33：［メッセージを表示］アクションをワークスペースにドラッグ＆ドロップ

Power Automate for desktop の基本を理解しよう

HINT アクションをダブルクリックしても追加される

アクションを追加する方法は他にもあります。 **STEP1** を例に説明します。
アクションペインにある［メッセージを表示］アクションをダブルクリックすること
で **STEP1** と同じ動作になります（図1.34）。

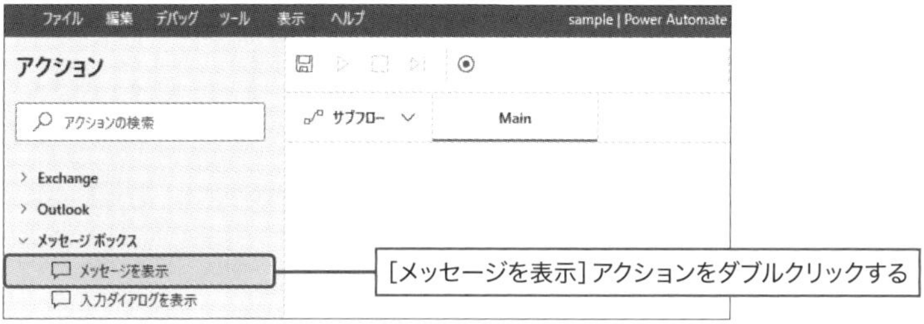

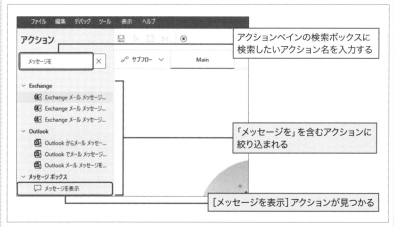

図1.34：アクションペインにある［メッセージを表示］アクションをダブルクリック

本書では **STEP1** の方法で解説します。今後は「**アクションを追加する**」と記述します。

HINT アクションを検索することもできる

アクションペインの検索ボックスに検索したいアクション名を入力します（図1.35）。
アクション名の一部を入力しても、絞り込まれるので探しやすくなります。「アク
ション名は覚えているけど、どのグループに入っていたか思い出せない」というとき
に便利です。

図1.35：アクションペインの検索ボックスに検索したいアクション名を入力

STEP2 ［メッセージを表示］アクションを設定する

　［メッセージを表示］アクションをワークスペースにドラッグ＆ドロップすると［メッセージを表示］ダイアログが自動的に表示されます。アクションの設定を行ってください（図1.36）。

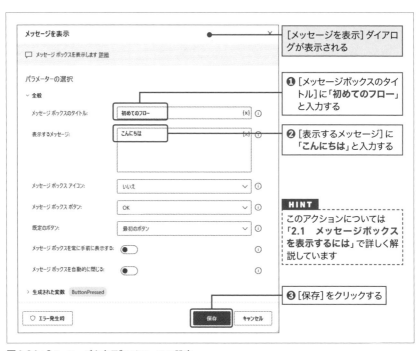

図1.36：［メッセージを表示］アクションの設定

　［メッセージを表示］アクションを保存するとワークスペースに追加されます（図1.37）。

図1.37：［メッセージを表示］アクションがワークスペースに追加される

　これで初めてのフローの作成は完了です。とても簡単でしたね。

1.9.2 作成したフローを保存しよう

　ツールバーの［保存］をクリックして、フローを保存してください（図1.38）。

　フローを保存すると、**保存されたフローはコンソールに表示**されます。「**1.10 フローを実行する**」にコンソールに表示されたフロー［sample］の画像を掲載しています。

図1.38：ツールバーの［保存］をクリック

MEMO　フローはテキストファイルに保存できる

　フローをテキストファイルに保存することで、他のユーザーとフローを共有することができます。本書のサンプルフローもこの方法で保存しています（図1.39）。

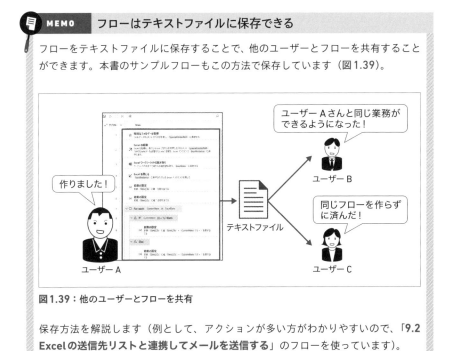

図1.39：他のユーザーとフローを共有

保存方法を解説します（例として、アクションが多い方がわかりやすいので、「**9.2 Excelの送信先リストと連携してメールを送信する**」のフローを使っています）。

STEP1 すべてのアクションをコピーする（図1.40）

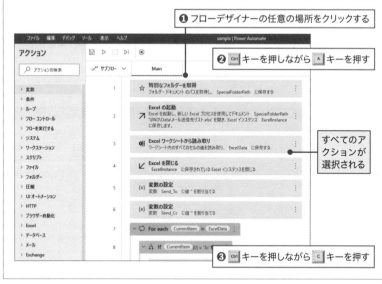

図1.40：すべてのアクションをコピー

STEP2 メモ帳にコピーした内容を貼り付けて保存する（図1.41）

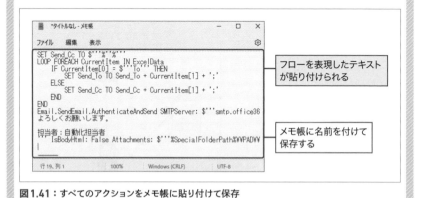

図1.41：すべてのアクションをメモ帳に貼り付けて保存

1.9.3 関連セクション

［メッセージを表示］アクションについては以下のセクションで詳しく解説しています。

➡ 2.1　メッセージボックスを表示するには

本セクションで作成したフローを実行する方法は以下のセクションで解説しています。

➡ 1.10　フローを実行する

フローを実行する

フローを実行することで自動処理が行われます。フローを実行する方法は2つあります。「**1.9　初めてのフローを作成する**」でフローを作成して、保存していることを前提に解説します。

1.10.1 フローデザイナーで実行する

ツールバーの［実行］をクリックすることでフローを実行できます（**図1.42 ❶**）。メッセージボックスが表示されるので、［OK］をクリックしてください（**図1.42 ❷**）。フローが実行されている間も1つ1つのステップの動作を確認できます。

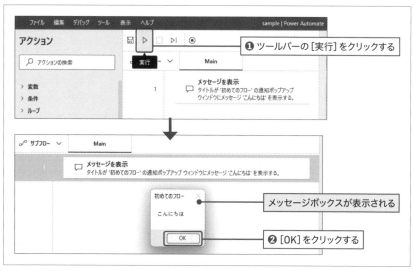

図1.42：フローデザイナーでのフローの実行

フローデザイナーで実行することを「**デバッグモードで実行する**」といいます。デバッグとはプログラムの誤りを特定し、修正する作業のことです。フロー作成中にしっかりとデバッグしておくことで、運用中にエラーが発生する確率を下げることができます。

Power Automate for desktop の基本を理解しよう

1.10.2 コンソールで実行する

コンソールで実行することを「**本番モードで実行する**」といいます。フローデザイナーを起動する必要がない上に、動作速度も速いというメリットがあります。

コンソールで実行するフローの［実行］をクリックすることで（図1.43❶）、フローが本番モードで実行されます。メッセージボックスが表示されるので、［OK］をクリックしてください（図1.43❷）。

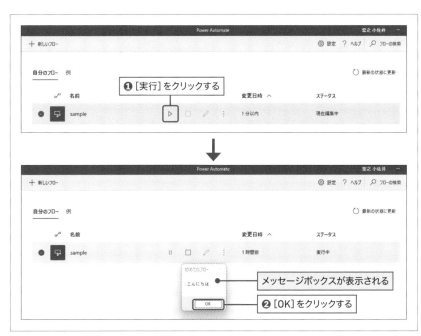

図1.43：コンソールでのフローの実行

MEMO 本番モードでの実行時の注意点を知ろう

本番モードで実行するときの注意点は、実行される1つ1つのステップを確認できないので、**エラーが発生した場合は、原因をつかみにくい**ということです。そのため、以下の2点を心がけてください。

❶フローデザイナーでしっかりとデバッグしておくこと
❷エラーが発生したときの対処をしておくこと（エラー発生時の対応については「**7.5 エラー処理を行うには**」で解説しています）

1.10.3 〉コンソールで実行するときに通知を表示する

　本番モードで実行すると、実行される1つ1つのステップを確認することはできませんが、フロー実行状況をデスクトップ画面の右下に表示させることができます。

　[Windowsの通知]（図1.44左）と［フロー監視ウィンドウ］（図1.44右）の2種類があります。［フロー監視ウィンドウ］はアクション名やサブフロー名が表示されるため、実行状況を詳細に知りたい場合は［フロー監視ウィンドウ］を選択しましょう。

図1.44：[Windowsの通知]（左）と[フロー監視ウィンドウ]（右）

　通知の切り替えは［設定］画面で行います（図1.45）（［設定］画面については「**1.6　Power Automate for desktopを起動する**」で解説しています）。

Power Automate for desktopの基本を理解しよう

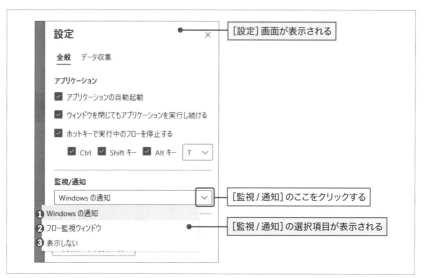

図1.45:[設定]画面

❶ Windowsの通知：本番モードで実行中に［Windowsの通知］が表示されます。

❷ フロー監視ウィンドウ：本番モードで実行中に［フロー監視ウィンドウ］が表示されます。

❸ 表示しない：[Windowsの通知]も［フロー監視ウィンドウ]も表示されません。

1.10.4 ＜ 関連セクション

［設定］画面については以下のセクションで解説しています。

➲1.6　Power Automate for desktopを起動する

本セクションで実行するフローは以下のセクションで作成しています。

➲1.9　初めてのフローを作成する

（右側余白）

1.10

フローを実行する

Power Automate for desktopを終了する

「**1.9　初めてのフローを作成する**」でフローを作成し、まだフローデザイナーが起動していることを前提にして、Power Automate for desktopを終了する方法を解説します。

1.11.1　フローデザイナーを終了する

フローデザイナーを終了するにはフローデザイナーの [閉じる] をクリックします（図1.46）（もしくは、メニューバーの [ファイル] → [終了] をクリックする）。

図1.46：フローデザイナーの [閉じる] をクリック

HINT　閉じたフローを開く方法

コンソールの中から開きたいフローを見つけて、[編集] をクリックします（図1.47）。

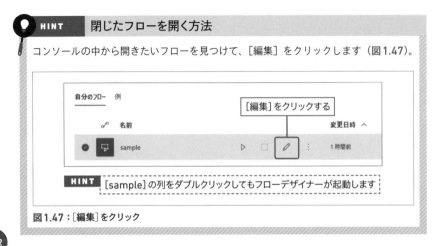

HINT [sample]の列をダブルクリックしてもフローデザイナーが起動します

図1.47：[編集] をクリック

Power Automate for desktopの基本を理解しよう

1.11.2 コンソールを終了する

コンソールを終了するには、コンソールの右上部の［閉じる］をクリックします
（**図1.48**）。

図1.48：コンソールの［閉じる］をクリック

1.11.3 関連セクション

本セクションで終了するフローデザイナーは、以下のセクションでフローを作成
して、起動していることが前提です。

➡1.9　初めてのフローを作成する

変数を理解する

1.12
CHAPTER1

Power Automate for desktopで少し複雑なフローを作成するには、**「変数」**の知識が必要になってきます。最初は少し難しく感じるかもしれませんが、使っていくうちに理解できるようになりますから、安心してください。

1.12.1 〉 数値やテキストなどのデータや値を一時的に格納する箱

変数とはテキストや数値などのデータや値を**一時的に格納する箱**のようなものです（図1.49）。変数を使うことで**フローの中で収集したデータや値を保持**したり、保持しておいた**データや値を参照**したりすることができます。

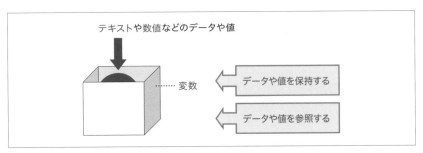

テキストや数値などのデータや値

…… 変数

データや値を保持する

データや値を参照する

図1.49：変数のイメージ

1.12.2 ＜ 変数名を付けて管理する

変数には名前を付けて管理します。この名前を「**変数名**」といいます（**図1.50**）。

図1.50：変数名のイメージ

Power Automate for desktopでは変数名を**パーセント文字（%）**で囲む必要が
あります（**図1.51**）

図1.51：Power Automate for desktop における変数名の記述方法

> **MEMO** 変数名にはルールがある
>
> 変数名に使用できるのは**半角英数字とアンダースコア（_）**だけです。また**数字から
> 始まる変数名も設定できない**ルールとなっています。わかりやすい変数名を付けたい
> からといって日本語やアンダースコア以外の記号を使うことはできません。

1.12

変数を理解する

1.12.3 データ型を知っておこう

変数で保持・参照できるデータや値には**数値、テキスト、日付、ファイル、フォルダー**など様々な形式があります。これらの形式のことを「**データ型**」と呼びます。

よく使う9つのデータ型を解説します。今はすべてのデータ型を覚える必要はありません。フローを作成していく中で徐々に覚えてください。

1 テキスト型（図1.52）

テキスト（文字列）を扱うデータ型です。

%NewVar% → 完全自動化研究所

図1.52：テキスト型

2 数値型（図1.53）

数値を扱うデータ型です。

%NewVar% → 1

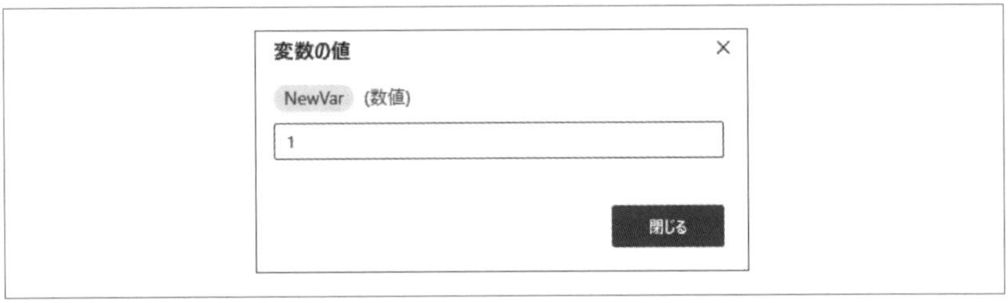

図1.53：数値型

算術演算を行った結果を変数に格納することもできます（**図1.54**）。

図1.54：数値型

1.12

変数を理解する

MEMO　変数に値を一時的に保管することを何という？

変数に値を一時的に保管することを「**変数に値を格納する**」といいます。「**変数に値をセットする**」「**変数に値を代入する**」などの表現方法がありますが、本書では「変数に値を格納する」という表現で統一します。

---

3 Datetime型（図1.55）

日付や時間を扱うデータ型です。

「月日年 時間」という形式で表現されています。

```
%NewVar% → 3/24/2022 5:02:29 AM
```

変数の値　　　　　　　　　　　　　　　×

CurrentDateTime　（Datetime）

3/24/2022 5:02:29 AM

閉じる

図1.55：Datetime型

4 ブール値型（図1.56）

「**True（真）**」もしくは「**False（偽）**」のいずれかが格納されます。

```
%NewVar% → True
```

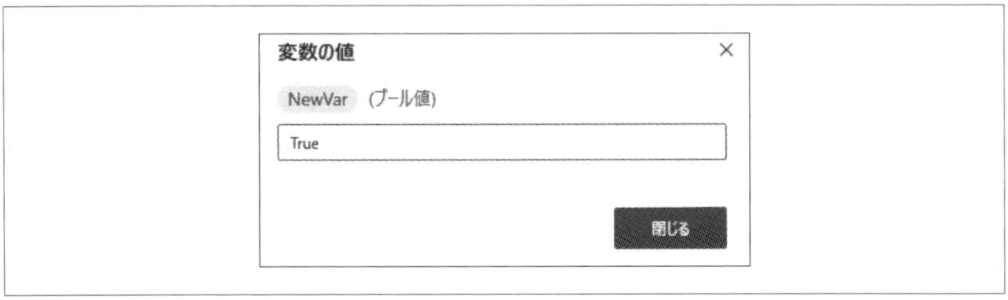

図1.56：ブール値型

5 リスト型（図1.57）

複数の値を1つの変数で管理できるデータ型です。**表の中の1列を管理するイメージ**です。

格納されている値は、行番号を使用して取得できます。

「**%変数名[行番号]%**」と記述します。**行番号は0番目から始まる**点に注意してください。

図1.57：リスト型

6 データテーブル型 (図 1.58)

複数の値を1つの変数で管理できるデータ型です。**表全体を管理するイメージ**です。データテーブルには行と列があります。

格納されている値は、行と列の番号を使用して取得できます。「**%変数名[行番号][列番号]%**」と記述します。

例えば、「%NewVar[3][1]%」と指定すると、「D」というテキストが取得できます。**行番号も列番号も0番目から始まる**点に注意してください。

変数の値

NewVar (Datatable)

#	Column1	Column2
0	1	A
1	2	B
2	3	C
3	4	D
4	5	E

図 1.58：データテーブル型

7 インスタンス型 (図 1.59)

[**Excel の起動**] アクションや [**新しい Microsoft Edge を起動する**] アクションなどで生成される変数に適用されるデータ型です。

インスタンスとは Excel やブラウザーなどのアプリケーションが起動して、操作できる状態になっているものを指します。日本語では「**実体**」と訳されることが多いです。

インスタンス型の変数は、**後のアクションで操作対象を指定するとき**に使います。

図1.59：インスタンス型

8 ファイル型（図1.60）

ファイルの情報を扱うデータ型です。

ファイルのパスやファイル名、拡張子などが格納されています。

図1.60はサンプルデータの［店舗マスタ.csv］のファイル情報です。

← 変数の値	
Files [9] (ファイル)	
プロパティ	値
.CreationTime	3/2/2022 5:52:34 AM
.Exists	True
.FullName	C:\Users\■■■■\Documents\PAD\Data\店舗マスタ.csv
.IsEmpty	False
.IsHidden	False
.LastModified	3/3/2022 2:51:07 PM
.Name	店舗マスタ.csv
.RootPath	C:\
.Directory	C:\Users\■■■■\Documents\PAD\Data
.Extension	.csv
.IsArchive	True
.IsReadOnly	False
.IsSystem	False
.LastAccessed	3/24/2022 5:53:22 AM
.NameWithoutExtension	店舗マスタ
.Size	103

図1.60：ファイル型

9 フォルダー型（図1.61）

フォルダーの情報を扱うデータ型です。

フォルダーのパスや名前、作成日などが格納されています。

図1.61はデスクトップの情報です。

図1.61： フォルダー型

1.12.4 ［変数の設定］アクションで変数を生成する

変数を生成するには**［変数の設定］アクション**を使用します。変数名と値を指定するだけです（図1.62）。

図1.62： ［変数の設定］アクション

1.12.5 フローを作成してみよう

それでは、実際にフローを作って［変数の設定］アクションの動作を確認してみましょう。

STEP1 ［変数の設定］アクションを追加する（図1.63）

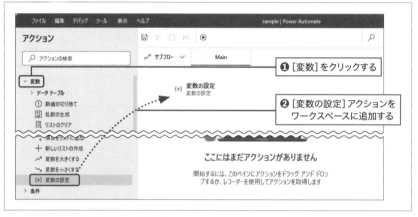

図1.63：［変数の設定］アクションの追加

STEP2 ［変数］の設定を行う（図1.64）

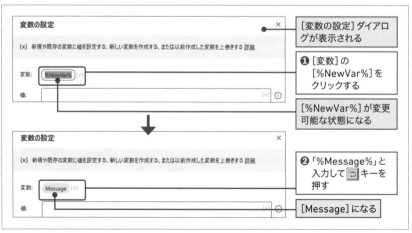

図1.64：［変数］の設定

STEP3 [値] を設定して保存する（図1.65）

図1.65：[値] を設定して保存

1.12.6 フローを実行して、変数に格納された値を確認しよう

フローを実行してください。すぐにフローが終了します（**図1.66**）。

図1.66：フローの実行

変数ペインで変数に格納された値を確認しましょう。変数 [Message] に「こんにちは」というテキストが格納されていますね（図1.67）。テキスト型の変数が生成されたことが確認できました。

図1.67：変数の値を確認

変数ペインで変数 [Message] に「こんにちは」というテキストが格納されたことが確認できる

1.12.7 関連セクション

フォルダー型変数は以下のセクションで使用しています。
➡ 2.6　特別なフォルダーを取得するには

ブール値型変数は以下のセクションで使用しています。
➡ 6.4　条件により処理を分岐させる（If）

データテーブル型変数は以下のセクションで使用しています。
➡ 3.9　CSVファイルからデータを読み取るには

インスタンス型変数は以下のセクションで使用しています。
➡ 3.1　新しいExcelドキュメントを開くには
➡ 4.1　ブラウザー（Microsoft Edge）を起動するには

CHAPTER2

デスクトップの 自動操作テクニック 8選

Chapter1ではPower Automate for desktopを動作
させる環境の構築が完了し、初めてのフローを作成しまし
た。本セクションでは自動化を行うときに「〇〇するときは
どのアクションを使えばいいの?」という視点で解説し
ます。

ファイル名の一括変更や日時に関するデータの操作など、
業務の自動化には欠かせないテクニックを厳選して掲載し
ています。

「自動化する業務のアイデアがまだ固まっていない」とい
う場合でも、本Chapterを参考にして身近にある自動化
のアイデアを発見してください。

2.1 メッセージボックスを表示するには

メッセージボックスはユーザーに質問を行って、その答えを受け取ったり、エラーが発生したときにエラーメッセージを表示したりするなど多様な使い方ができるので、頻繁に使用します。メッセージボックスを表示するには**[メッセージを表示]アクション**を使います。

2.1.1 [メッセージを表示]アクションについて学ぼう

[メッセージを表示]アクションの設定について解説します（図2.1）。[メッセージボックスアイコン]と[メッセージボックスボタン]については、「**2.1.2 [メッセージ ボックス アイコン]を変えるとメッセージの前に表示されるアイコンが変**

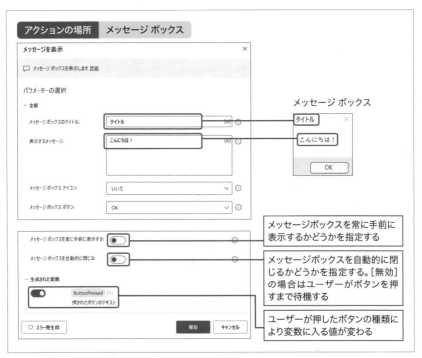

図2.1：[メッセージを表示]アクションの設定

**わる」と「2.1.3 ［メッセージ ボックス ボタン］を変えると選択できるボタンが
変わる」**で解説します。

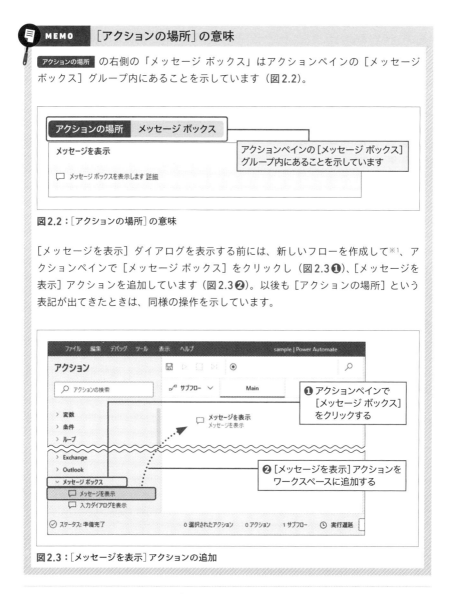

MEMO ［アクションの場所］の意味

アクションの場所 の右側の「メッセージ ボックス」はアクションペインの［メッセージ
ボックス］グループ内にあることを示しています（**図2.2**）。

アクションの場所　メッセージ ボックス

メッセージを表示

💬 メッセージ ボックスを表示します 詳細

アクションペインの［メッセージ ボックス］
グループ内にあることを示しています

図2.2：［アクションの場所］の意味

［メッセージを表示］ダイアログを表示する前には、新しいフローを作成して[※1]、ア
クションペインで［メッセージ ボックス］をクリックし（**図2.3❶**）、［メッセージを
表示］アクションを追加しています（**図2.3❷**）。以後も［アクションの場所］という
表記が出てきたときは、同様の操作を示しています。

ファイル　編集　デバッグ　ツール　表示　ヘルプ　　　　　sample | Power Automate

アクション　　🔍

🔍 アクションの検索　　　サブフロー　∨　　Main

> 変数
> 条件
> ループ

💬 メッセージを表示
　　メッセージを表示

❶ アクションペインで
　　［メッセージ ボックス］
　　をクリックする

> Exchange
> Outlook
∨ メッセージ ボックス
　💬 メッセージを表示
　💬 入力ダイアログを表示

❷［メッセージを表示］アクションを
　　ワークスペースに追加する

⊘ ステータス: 準備完了　　　0 選択されたアクション　　0 アクション　　1 サブフロー　⏱ 実行遅延

図2.3：［メッセージを表示］アクションの追加

[※1] 新しいフローを作成する方法は「1.8　新しいフローを作成する」を参照してください。すでに
フロー［sample］を作成して保存している場合は、フロー［sample］の中のアクションをす
べて削除してください（アクションを選択して、［Delete］キーを押すことで削除できます）。

2.1.2 ［メッセージ ボックス アイコン］を変えるとメッセージの前に表示されるアイコンが変わる

　［メッセージ ボックス アイコン］の選択項目は5つあります。選択項目によって
メッセージの前に表示されるアイコンが変わります（**図2.4**）。利用する場面に合わ
せて適切なアイコンを表示させましょう。

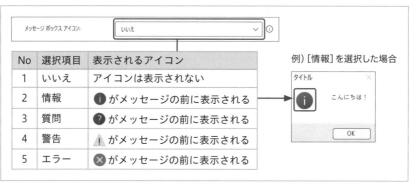

図2.4：［メッセージ ボックス アイコン］の選択項目

2.1.3 ［メッセージ ボックス ボタン］を変えると選択できるボタンが変わる

　［メッセージ ボックス ボタン］の選択項目は6つあります。選択項目によって選
択できるボタンの内容と数が変化します（**図2.5**）。

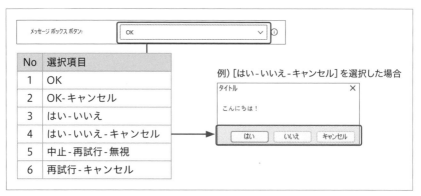

図2.5：［メッセージ ボックス ボタン］の選択項目

デスクトップの自動操作テクニック8選

2.1.4 クリックする［メッセージ ボックス ボタン］によって変数に格納される値が変わる

選択する［メッセージ ボックス ボタン］によって、メッセージボックスに表示されるボタンの種類と数が変わります。また、各ボタンをクリックしたときに変数（デフォルトでは変数［ButtonPressed]）に格納される値も変化します。変数に格納された値を、後のフローで使用することができます（表2.1）。

表2.1:［メッセージ ボックス ボタン］と変数に格納される値

No	選択項目	メッセージ ボックス ボタン	ボタン選択時に 変数に格納される値	
			選択した ボタン	値 （テキスト）
1	OK	[OK]	OK	OK
2	OK-キャンセル	[OK] [キャンセル]	OK	OK
			キャンセル	Cancel
3	はい-いいえ	[はい] [いいえ]	はい	Yes
			いいえ	No
4	はい-いいえ-キャンセル	[はい] [いいえ] [キャンセル]	はい	Yes
			いいえ	No
			キャンセル	Cancel
5	中止-再試行-無視	[中止] [再試行] [無視]	中止	Abort
			再試行	Retry
			無視	Ignore
6	再試行-キャンセル	[再試行] [キャンセル]	再試行	Retry
			キャンセル	Cancel

2.1.5 関連セクション

［メッセージを表示］アクションは以下のセクションで利用しています。

- ➡ 1.9 初めてのフローを作成する
- ➡ 6.1 処理を繰り返すには（Loop）
- ➡ 6.2 処理を繰り返すには（ループ条件）
- ➡ 6.4 条件により処理を分岐させる（If）
- ➡ 7.3 フローの実行を途中で中断するには

2.2 入力ダイアログを表示してユーザーからの入力を受け取るには

入力ダイアログを使って、ユーザーからの入力を受け取る対話型のフローを作成するためには、**[入力ダイアログを表示] アクション**を使用します。

2.2.1 ［入力ダイアログを表示］アクションについて学ぼう

入力ダイアログのタイトルやメッセージ、既定値などを設定します（図2.6）。

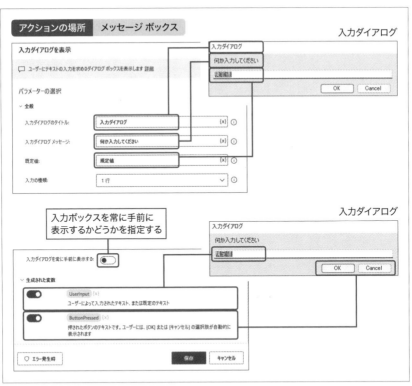

図2.6：［入力ダイアログを表示］アクションの設定

デスクトップの自動操作テクニック8選

クリックされたボタンの値は変数［ButtonPressed］に格納され、ユーザーが入力した値は変数［UserInput］に格納されます。ユーザーが入力した値を後続のアクション内で利用することができます。

> **HINT** 選択ダイアログも豊富に用意されている
>
> アクショングループの［メッセージ ボックス］グループには、入力ダイアログだけではなく選択ダイアログも豊富に用意されています。
> 日付の選択ダイアログ（図2.7❶）やリストから選択するダイアログ（図2.7❷）などです。これらのアクションを使いこなせば、より柔軟性の高い業務自動化が実現できますね。
>
>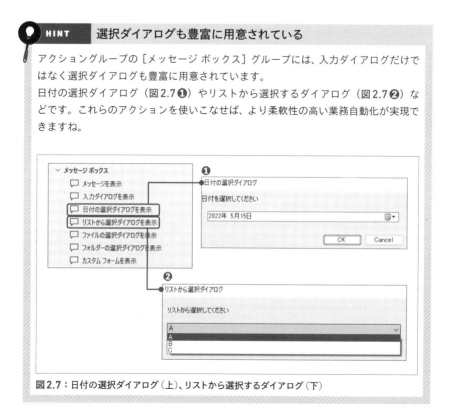
>
> 図2.7：日付の選択ダイアログ（上）、リストから選択するダイアログ（下）

2.2.2 関連セクション

変数［ButtonPressed］については以下のセクションを参照してください。

➡2.1　メッセージボックスを表示するには

フォルダー内のファイルの一覧を取得するには

特定のフォルダーの中にあるファイルの一覧を取得して、後のフローで処理するときには**[フォルダー内のファイルを取得]アクション**を使用します。

2.3.1 [フォルダー内のファイルを取得]アクションについて学ぼう

取得するファイルが入っているフォルダーのパスを指定します。取得するファイルを制限したり、並び替えたりすることができます。取得されたファイルのリスト

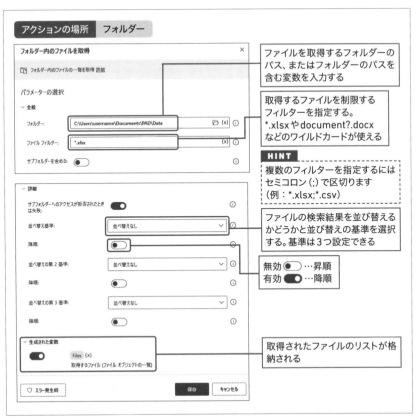

図2.8：[フォルダー内のファイルを取得]アクションの設定

デスクトップの自動操作テクニック8選

は生成された変数に格納されます（図2.8）。

2.3.2 関連セクション

　［フォルダー内のファイルを取得］アクションを使用したフローを以下のセクションで解説しています。このアクションの具体的な利用方法がわかります。

　●2.5　ファイルの名前を変更するには

2.4 ファイルをコピーするには

CHAPTER2

1
2
3
4
5
6
7
8
9

デスクトップの自動操作テクニック8選

ファイルを他のフォルダーにコピーするには**［ファイルのコピー］アクション**を使用します。定期的に手作業でファイルをコピーする業務を行っている場合は、このアクションを活用しましょう。

2.4.1 ［ファイルのコピー］アクションについて学ぼう

ファイルを単独でコピーすることもできますが、［フォルダー内のファイルを取得］アクションと組み合わせて、複数のファイルを一度にコピーすることもできます（図2.9）（この方法は「**2.5　ファイルの名前を変更するには**」で解説しています）。

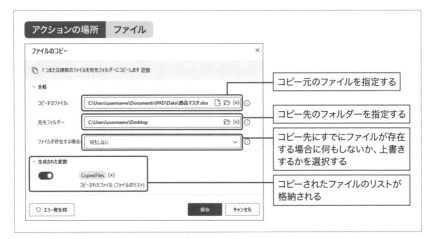

図2.9：［ファイルのコピー］アクションの設定

2.4.2 関連セクション

［ファイルのコピー］アクションを使用したフローを以下のセクションで解説しています。

➡2.5　ファイルの名前を変更するには

ファイルの名前を変更するには

ファイルの名前を変更するには**[ファイルの名前を変更する]アクション**を使用します。1つのファイルの名前を変更するだけでなく、複数のファイルの名前を一度に変更することもできます。複数のファイルの名前を変更するフローを本セクション内で解説しています。

2.5.1 [ファイルの名前を変更する]アクションについて学ぼう

名前を変更するファイルのパスを指定し、名前の変更方法を選択します（図2.10）。

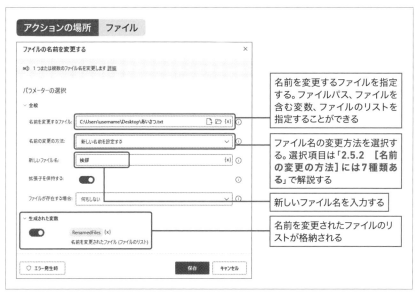

図2.10：[ファイルの名前を変更する]アクションの設定

2.5.2 [名前の変更の方法]には7種類ある

ファイルの名前を変更する方法は、次の7種類が用意されています。

❶ 新しい名前を設定する：新しいファイル名を直接、指定します。

❷ テキストを追加する：現在のファイル名に追加するテキストを指定します。

❸ テキストを削除する：現在のファイル名から削除するテキストを指定します。

❹ テキストを置換する：現在のファイル名から置換するテキストを指定します。

❺ 拡張子を変更する：新しい拡張子を指定します。

❻ 日時を追加する：現在のファイル名に追加する日時を表すテキストを指定します（「**2.5.3 複数のファイルをコピーして一括で名前を変更するフローを作成してみよう**」で作成するフローの中で使用しています）。

❼ 連番にする：ファイル名の前または後ろに付ける連番のルールを指定します。

2.5.3 複数のファイルをコピーして一括で名前を変更するフローを作成してみよう

「**複数のファイルをコピーして、ファイル名に日付（yyyyMMdd）を付ける**」という作業は業務の中で頻繁に発生します。この作業を自動化してみましょう。

> **📖 MEMO　サンプルデータを配置しておく**
>
> フローを作成する前にP.viiの「サンプルデータの配置方法」を読んで、サンプルデータを配置しておいてください。[Data] フォルダー内のファイルを使用します。

STEP1 [フォルダー内のファイルを取得] アクションを追加する（図2.11）

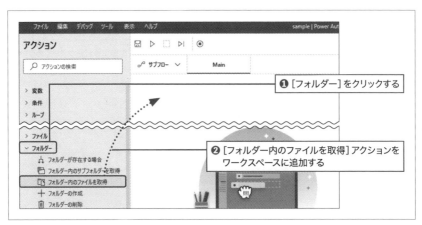

図2.11：[フォルダー内のファイルを取得] アクションの追加

STEP2 ［フォルダー内のファイルを取得］アクションを設定する

サンプルデータ内のExcelドキュメントの一覧を取得する設定を行ってください（図2.12）。

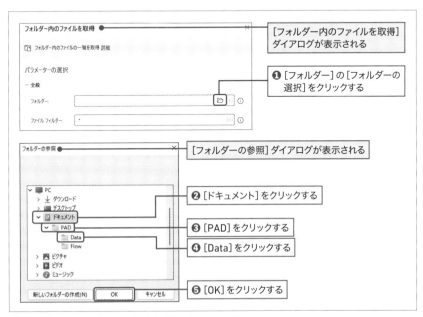

図2.12：［フォルダー内のファイルを取得］アクションの設定

アクションの設定画面に戻るので、続きの設定を行ってください（図2.13）。

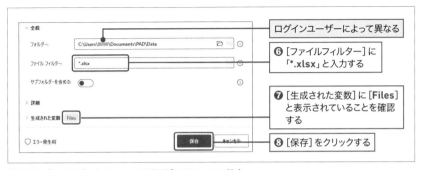

図2.13：［フォルダー内のファイルを取得］アクションの設定

> **MEMO** **OneDriveに保存する設定にしている場合**
>
> [ドキュメント] をOneDriveに保存する設定にしている場合、[フォルダーの参照] ダイアログで [ドキュメント] を選択しても図2.13の [フォルダー] のパスとは異なるので注意してください。本書の図は、[ドキュメント] が「C:¥Users¥ログインユーザー名¥Documents」を指していることを前提としています。

STEP3 [ファイルのコピー] アクションを追加する（図2.14）

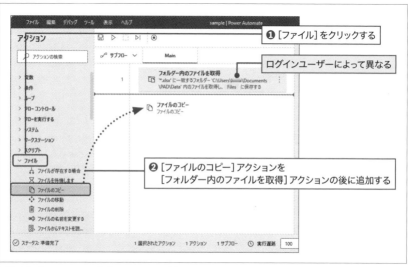

図2.14：[ファイルのコピー] アクションの追加

STEP4 [ファイルのコピー] アクションを設定する

[コピーするファイル] に [フォルダー内のファイルを取得] アクションで取得したファイルの一覧を指定してください（図2.15）。

デスクトップの自動操作テクニック8選

068

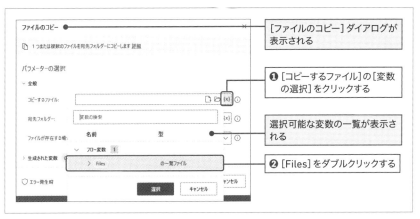

図2.15：[ファイルのコピー]アクションの設定

HINT ［選択］をクリックしてもOK

図2.15❷で［Files］をダブルクリックしていますが、［Files］をクリックして、選択状態にした後で［選択］をクリックしても同じ動作となります。

　［宛先フォルダー］の指定を行ってください。ここではデスクトップにコピーすることとします（図2.16）。

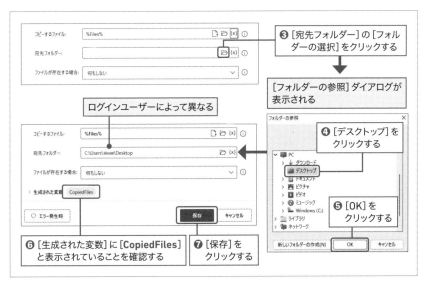

図2.16：[宛先フォルダー]の指定

> **MEMO** OneDriveに保存する設定にしている場合
>
> ［デスクトップ］をOneDriveに保存する設定にしている場合、［フォルダーの参照］ダイアログで［デスクトップ］を選択しても図2.16の［宛先フォルダー］のパスとは異なるので注意してください。本書の図は、［デスクトップ］は「C:¥Users¥ログインユーザー名¥Desktop」を示していることを前提としています。

STEP5 ［ファイルの名前を変更する］アクションを追加する（図2.17）

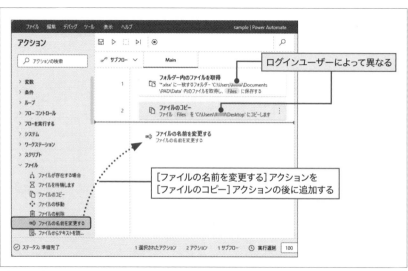

図2.17：［ファイルの名前を変更する］アクションの追加

デスクトップの自動操作テクニック8選

STEP6 ［ファイルの名前を変更する］アクションを設定する

デスクトップにコピーしたExcelドキュメントの名前を変更する設定を行ってください（**図2.18**）。

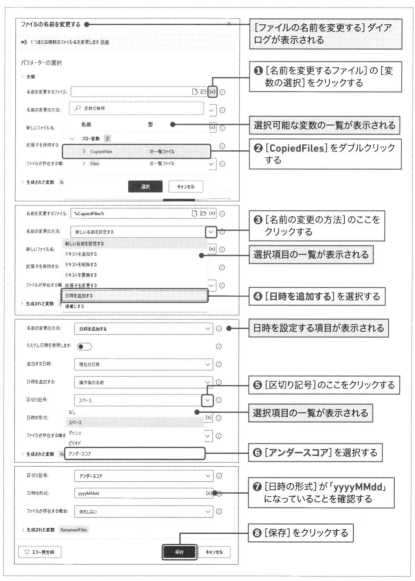

図2.18：［ファイルの名前を変更する］アクションの設定

フローが完成しました（**図2.19**）。

図2.19：フローの完成

2.5.4 フローを実行する

　フローを実行してください。フローが終了した後、デスクトップに6つのExcel ドキュメントがコピーされていて、ファイル名の後ろに日付（yyyyMMdd）が付いていれば成功です（**図2.20**）。

図2.20：フローの実行結果

デスクトップの自動操作テクニック8選

［フォルダー内のファイルを取得］アクションについては以下のセクションで解説しています。

➡ 2.3 フォルダー内のファイルの一覧を取得するには

［ファイルのコピー］アクションについては以下のセクションで解説しています。

➡ 2.4 ファイルをコピーするには

2.5

ファイルの名前を変更するには

特別なフォルダーを取得するには

2.6

デスクトップやドキュメントフォルダーなど、**ユーザープロファイルの中のフォルダーは、フローを動作させる環境によって変わりますが、[特別なフォルダーを取得]アクション**を使用することにより、フローを修正する必要がなくなります。

> **📑 MEMO　ユーザープロファイルってなに?**
>
> Windowsのユーザーごとの設定情報や保存したファイルなどを1カ所にまとめたものです。Windows10とWindows11の場合は「C:¥Users¥**ログインユーザー名**¥」を示します。**ログインユーザー名**はログインするユーザーによって変わります。

2.6.1　[特別なフォルダーを取得]アクションについて学ぼう

取得したい特別なフォルダーを選択します。取得された特別なフォルダーのパスは生成された変数に格納されます（**図2.21**）。

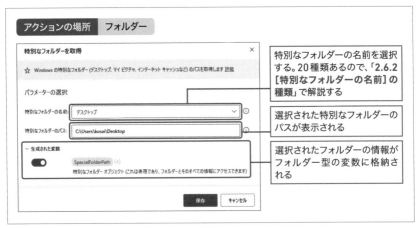

図2.21：[特別なフォルダーを取得]アクションの設定

2.6.2　[特別なフォルダーの名前]の種類

[特別なフォルダーの名前]の選択項目は、20種類あります。デフォルトでは[デスクトップ]が選択されています（**表2.2**）。

表2.2：[特別なフォルダーの名前]の種類

No	種類	No	種類
1	プログラム	11	アプリケーションデータ
2	ドキュメント	12	ローカル アプリケーション データ
3	お気に入り	13	インターネット キャッシュ
4	起動	14	Cookie
5	最新	15	履歴
6	送信先	16	共通アプリケーションデータ
7	スタートメニュー	17	システム
8	音楽	18	プログラム ファイル
9	デスクトップ	19	ピクチャ
10	テンプレート	20	共通プログラム ファイル

2.6.3　関連セクション

フォルダー型の変数については以下のセクションで解説しています。

→1.12　変数を理解する

[特別なフォルダーを取得]アクションは以下のセクションで使用しています。

→3.4　Excelに新しいワークシートを追加するには

→3.10　Excelワークシートにテキストを書き込むには

→3.11　キー送信によってExcelを操作するには

→7.5　エラー処理を行うには

→8.7　違う環境でも動作するように修正する

→9.1　データとマスタを結合して帳票を作成する

→9.2　Excelの送信先リストと連携してメールを送信する

本日の日付を取得するには

業務システムに本日の日付を入力したり、ファイル名に日付と時刻を入れたりするなど、フローの実行日時を取得して利用することは頻繁にあります。

本日の日付および現在の日時を取得するには**[現在の日時を取得します]アクション**を使用します。

2.7.1 [現在の日時を取得します]アクションについて学ぼう

[現在の日時を取得します] アクションを実行するとDatetime型の変数が生成されます（図2.22）（Datetime型の変数については**「1.12 変数を理解する」**で解説しています）。

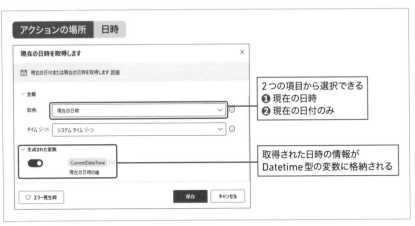

図2.22：[現在の日時を取得します]アクションの設定

デスクトップの自動操作テクニック8選

2.7.2 [取得]で[現在の日付のみ]を選択した場合

[取得]で[現在の日付のみ]を選択すると、現在の日時の日付部分のみが取得され、時間部分は「12:00:00 AM」になります（**図2.23**）。後続のアクションで**日付のみを利用したい場合は、[現在の日付のみ]を選択する**といいでしょう。

図2.23：現在の日時の日付部分のみ取得

2.7.3 関連セクション

Datetime型の変数については以下のセクションで解説しています。

➡1.12　変数を理解する

明日の日時の取得方法は以下のセクションで解説しています。

➡2.8　明日の日付を取得するには

2.8 明日の日付を取得するには

明日の日付を取得するには［現在の日時を取得します］アクションで本日の日付を取得してから**［加算する日時］アクション**を使います。

2.8.1 ［加算する日時］アクションについて学ぼう

変更する日時と加算する日時を指定します。加算後の日時が生成された変数に格納されます（**図2.24**）。

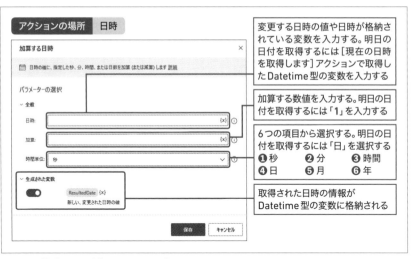

図2.24：［加算する日時］アクションの設定

［現在の日時を取得します］アクションと［加算する日時］アクションをつなげてフローを作成すると**図2.25**のようになります。

デスクトップの自動操作テクニック8選

本日の日付を取得する

本日の日付に1日加算することで
明日の日付を算出する

図2.25：明日の日付を取得するフロー

> **HINT** 月初（月の最初の1日）を取得するには

業務システムから売上などのデータをダウンロードするときに**月初（月の最初の1日）から前日までの期間を指定する**、という作業は多いですね。月初の日付を取得するには、[加算] に「**%CurrentDateTime.Day*-1+1%**」と指定します（図2.26）。

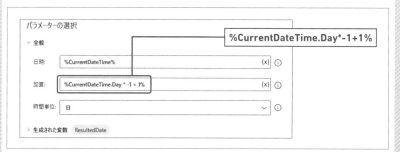

図2.26：月初（月の最初の1日）の取得

[CurrentDateTime] に「2022-4-13」という日付が格納されていると仮定すると、
[CurrentDateTime.Day] には「13」という数値が格納されます。
[%CurrentDateTime.Day*-1%] は「-13」です（「*」は「×」の意味です）。「2022-4-13」から13日を引くと「2022-3-31」となり、前月の末日を示します。したがって、最後に1日足して、「2022-4-1」を取得しています。
ちなみに**前日までの日付（つまり昨日）を取得するには、[加算] に「-1」を指定**してください。

2.8.2 関連セクション

現在の日付の取得方法は以下のセクションで解説しています。

➲ 2.7　本日の日付を取得するには

CHAPTER3

業務成果に直結する！
Excel操作テクニック
11選

本Chapterでは、業務でよく利用するMicrosoft Excel（以後、Excelと表記します）の操作を自動化するアクションについて解説します。Excelを使った業務は非常に多く行われているため、11のセクションを設けました。Excelドキュメントを操作する方法はもちろん、読み取ったデータの操作やアクションにない操作をExcelで行う方法まで幅広く解説しています。

新しいExcelドキュメントを 開くには

Excelを起動して、新しいExcelドキュメントを作成するには **[Excelの起動] アクション**を使用します。

3.1.1 [Excelの起動] アクションについて学ぼう

[Excelの起動] のドロップダウンリストで **「空のドキュメントを使用」** を選択してください。Excelウィンドウの表示・非表示は設定により変更できます（図3.1）。

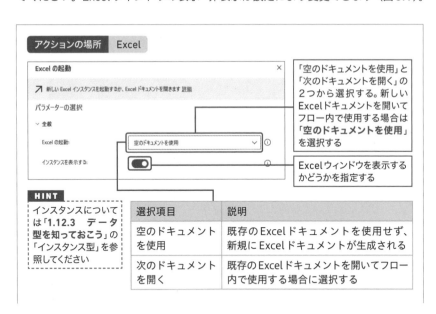

アクションの場所　Excel

Excelの起動

↗ 新しいExcelインスタンスを起動するか、Excelドキュメントを開きます 詳細

パラメーターの選択

∨ 全般

Excelの起動:　空のドキュメントを使用

インスタンスを表示する:

「空のドキュメントを使用」と「次のドキュメントを開く」の2つから選択する。新しいExcelドキュメントを開いてフロー内で使用する場合は**「空のドキュメントを使用」**を選択する

Excelウィンドウを表示するかどうかを指定する

HINT
インスタンスについては「1.12.3　データ型を知っておこう」の「インスタンス型」を参照してください

選択項目	説明
空のドキュメントを使用	既存のExcelドキュメントを使用せず、新規にExcelドキュメントが生成される
次のドキュメントを開く	既存のExcelドキュメントを開いてフロー内で使用する場合に選択する

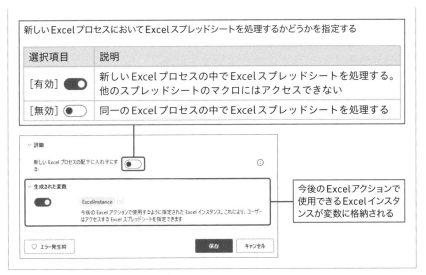

新しいExcelプロセスにおいてExcelスプレッドシートを処理するかどうかを指定する

選択項目	説明
［有効］	新しいExcelプロセスの中でExcelスプレッドシートを処理する。他のスプレッドシートのマクロにはアクセスできない
［無効］	同一のExcelプロセスの中でExcelスプレッドシートを処理する

今後のExcelアクションで使用できるExcelインスタンスが変数に格納される

図3.1：［Excelの起動］アクションの設定

　フローを実行すると新しいExcelドキュメントが新規に作成されて、**図3.2**のようにExcelウィンドウが表示されます（Excelウィンドウが表示されるのは、［インスタンスを表示する］を有効にした場合です）。

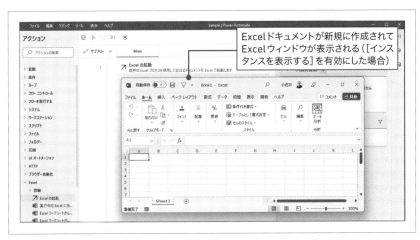

Excelドキュメントが新規に作成されてExcelウィンドウが表示される（［インスタンスを表示する］を有効にした場合）

図3.2：フローを実行

> 💡 **HINT**　［インスタンスを表示する］を［無効］にしたときのメリット・デメリット
>
> ［インスタンスを表示する］を［無効］にすると、**Excelウィンドウが見えない状況で操作が行われる**ことになります。フローの実行中でも、Excelウィンドウが画面を占有しないため、他の作業ができるというメリットがあります。また、フローが高速に動作します。
>
> デメリットは、フローの実行中に**エラーが発生した場合**にはExcelウィンドウが見えないため、**Excelインスタンスを正常に終了することができない**ことです。
>
> ［インスタンスを表示する］を［無効］にする場合は、エラー発生時にはExcelインスタンスを終了させる処理を組み込む必要があります（エラー処理については「**7.5 エラー処理を行うには**」で解説しています）。

3.1.2　関連セクション

既存のExcelドキュメントを開く方法は以下のセクションで解説しています。
➡ 3.2　既存のExcelドキュメントを開くには

作成したExcelドキュメントを閉じる方法は以下のセクションで解説しています。
➡ 3.3　Excelドキュメントを閉じるには

エラー処理については以下のセクションで解説しています。
➡ 7.5　エラー処理を行うには

3.2 既存のExcelドキュメントを開くには

　既存のExcelドキュメントを開くには、前セクションと同じ**［Excelの起動］アクション**を使用します。設定方法が異なるので、別のフローを作成して解説します。

3.2.1 〈 フローを作成してみよう

　サンプルデータに含まれる［店舗マスタ.xlsx］を開くフローを作成してみましょう。

STEP1 ［Excelの起動］アクションを追加する（図3.3）

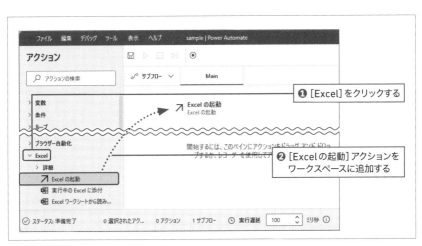

図3.3：［Excelの起動］アクションの追加

STEP2 ［Excelの起動］アクションを設定する（図3.4）

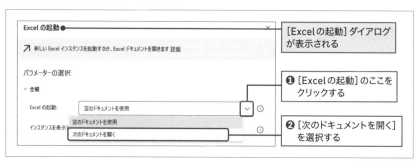

図3.4：［Excelの起動］アクションの設定

STEP3 ［ドキュメント パス］を設定する

［ドキュメント パス］にサンプルデータに含まれる［店舗マスタ.xlsx］を指定してください（図3.5）。

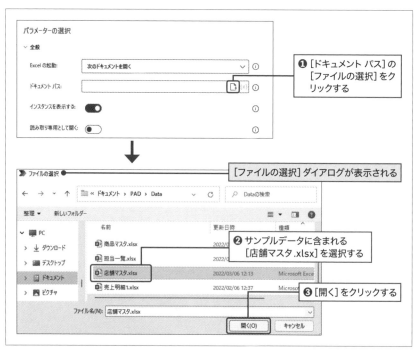

図3.5：［ドキュメント パス］の設定

STEP4 保存する（図3.6）

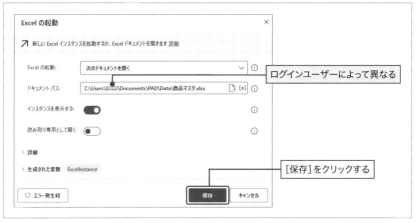

Excel の起動

↗ 新しい Excel インスタンスを起動するか、Excel ドキュメントを開きます 詳細

| Excel の起動: | 次のドキュメントを開く | | ログインユーザーによって異なる |

ドキュメント パス: C:\Users_____\Documents\PAD\Data\商品マスタ.xlsx

インスタンスを表示する: （オン）

読み取り専用として開く: （オフ）

> 詳細

> 生成された変数 ExcelInstance

[保存] をクリックする

保存　キャンセル

○ エラー発生時

図3.6：保存

3.2.2 フローを実行しよう

フローを実行してください。[店舗マスタ.xlsx] が起動したら成功です（**図3.7**）。

[店舗マスタ.xlsx] が起動する

	A	B	C
1	No	店舗No	店舗名
2	1	101	渋谷
3	2	102	渋谷
4	3	103	六本木
5	4	104	銀座
6	5	105	日本橋

図3.7：フローの実行結果

3.2.3 関連セクション

新規のExcelドキュメントを開く方法は以下のセクションで解説しています。

➲ 3.1　新しいExcelドキュメントを開くには

起動したExcelドキュメントを閉じる方法は以下のセクションで解説しています。

➲ 3.3　Excelドキュメントを閉じるには

3.3 Excelドキュメントを閉じるには

[Excelの起動] アクションで起動したExcelインスタンスを閉じるためには **[Excelを閉じる] アクション**を使用します。

3.3.1 [Excelを閉じる] アクションについて学ぼう

閉じるExcelのインスタンスを選択し、Excelインスタンスを閉じる前の動作を選択します（図3.8）。

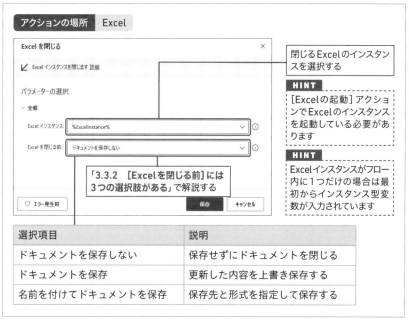

選択項目	説明
ドキュメントを保存しない	保存せずにドキュメントを閉じる
ドキュメントを保存	更新した内容を上書き保存する
名前を付けてドキュメントを保存	保存先と形式を指定して保存する

図3.8：[Excelを閉じる] アクションの設定

> **HINT** 操作するExcelのインスタンスについて
>
> [Excelインスタンス] に指定するExcelのインスタンスは、[Excelの起動] アクションで起動している必要があります。今後はこの注意は省略します。

3.3.2 [Excelを閉じる前] には3つの選択肢がある

Excelを閉じる前の処理を3つの選択肢から選べるので、状況により使い分けましょう（**図3.9**）。

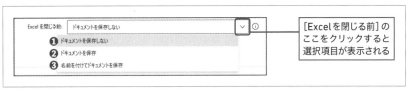

[Excelを閉じる前] のここをクリックすると選択項目が表示される

図3.9：[Excelを閉じる前] の3つの選択肢

❶ ドキュメントを保存しない：Excelドキュメントを保存せずに閉じます。

❷ ドキュメントを保存：Excelドキュメントを上書き保存して閉じます。

❸ 名前を付けてドキュメントを保存：Excelドキュメントに名前を付けて保存してから閉じます。[名前を付けてドキュメントを保存] を選択すると、[ドキュメント形式] と [ドキュメント パス] が入力可能になります（**図3.10**）。

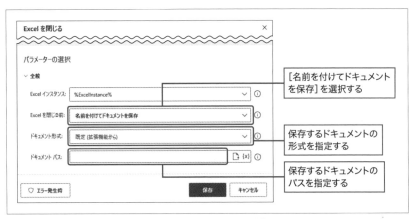

[名前を付けてドキュメントを保存] を選択する

保存するドキュメントの形式を指定する

保存するドキュメントのパスを指定する

図3.10：[Excelを閉じる前] で [名前を付けてドキュメントを保存] を選択

業務成果に直結する！ Excel操作テクニック11選

3.3.3 　関連セクション

　［Excelの起動］アクションでExcelのインスタンスを起動する方法は以下のセクションで解説しています。

- ● 3.1　新しいExcelドキュメントを開くには
- ● 3.2　既存のExcelドキュメントを開くには

Excelに新しいワークシートを追加するには

3.4

Excelドキュメントに新しいワークシートを追加するには**［新しいワークシートの追加］アクション**を使用します。

3.4.1 ［新しいワークシートの追加］アクションについて学ぼう

追加するワークシートの名前などを設定します（図3.11）。

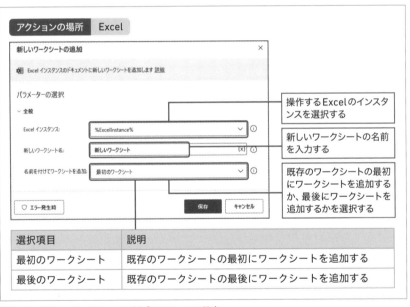

選択項目	説明
最初のワークシート	既存のワークシートの最初にワークシートを追加する
最後のワークシート	既存のワークシートの最後にワークシートを追加する

図3.11：［新しいワークシートの追加］アクションの設定

3.4.2 [新しいワークシートの追加]アクションを使ったフローの例

サンプルデータの中に含まれる［売上明細1.xlsx］を起動して、［新しいワークシート］という名前のワークシートを追加するフローです（図3.12）。

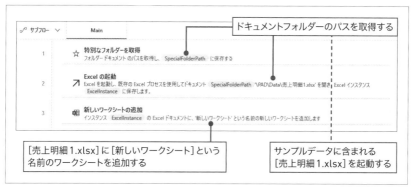

図3.12：［新しいワークシートの追加］アクションを使ったフロー

> **MEMO** 図3.12のサンプルフローについて
>
> このフローはサンプルフローの［**3.4　ワークシート追加.txt**］に保存されています。

3.4.3 フローを実行する

　フローを実行すると［売上明細1.xlsx］が起動して、ワークシート［売上明細1］の前に［新しいワークシート］という名前のワークシートが追加されます（図3.13）（［名前を付けてワークシートを追加］に［最初のワークシート］を指定していることを前提としています）。

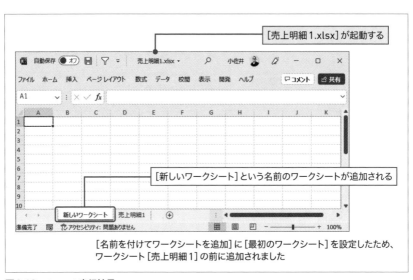

図3.13：フローの実行結果

3.4.4 関連セクション

　［特別なフォルダーを取得］アクションについては以下のセクションで解説しています。

　→ 2.6　特別なフォルダーを取得するには

　［Excelの起動］アクションでExcelのインスタンスを起動する方法は以下のセクションで解説しています。

　→ 3.1　新しいExcelドキュメントを開くには
　→ 3.2　既存のExcelドキュメントを開くには

ワークシートを
アクティブ化するには

複数のワークシートのうち1つのワークシートをアクティブ化するには**[アクティブなExcelワークシートの設定]アクション**を使用します。

3.5.1 [アクティブなExcelワークシートの設定]アクションについて学ぼう

「**3.4　Excelに新しいワークシートを追加するには**」で操作した[売上明細1.xlsx]のワークシート[売上明細1]をアクティブにする設定です（**図3.14**）。

このアクションを使ったフローは、サンプルフローの[**3.5　ワークシートアクティブ化.txt**]に保存されています。

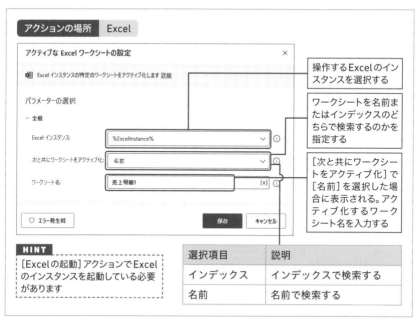

アクションの場所	Excel

アクティブな Excel ワークシートの設定　　　　　　　　　　　×

🔲 Excel インスタンスの特定のワークシートをアクティブ化します 詳細

パラメーターの選択

∨ 全般

Excel インスタンス:　　　%ExcelInstance%　　　　　∨　ⓘ

次と共にワークシートをアクティブ化:　名前　　　　　　　　∨　ⓘ

ワークシート名:　　　売上明細1　　　　　　{x} ⓘ

○ エラー発生時　　　　　　　　　保存　　　キャンセル

操作するExcelのインスタンスを選択する

ワークシートを名前またはインデックスのどちらで検索するのかを指定する

[次と共にワークシートをアクティブ化]で[名前]を選択した場合に表示される。アクティブ化するワークシート名を入力する

HINT
[Excelの起動]アクションでExcelのインスタンスを起動している必要があります

選択項目	説明
インデックス	インデックスで検索する
名前	名前で検索する

図3.14：[アクティブなExcelワークシートの設定]アクションの設定

サンプルフローの［**3.5　ワークシートアクティブ化.txt**］を復元して、フローを実行すると、［売上明細1］という名前のワークシートがアクティブ化されます（図3.15）。

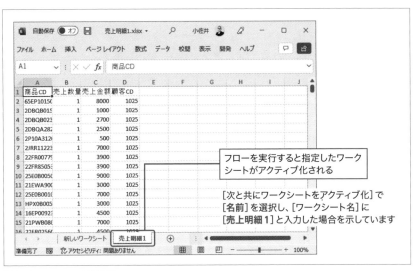

図3.15：フローの実行結果

インデックスでアクティブ化するワークシートを指定することもできます（図3.16）。

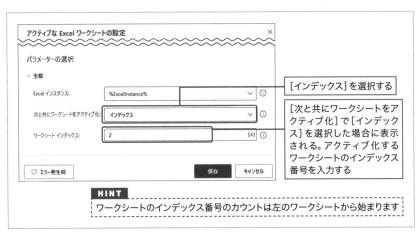

図3.16：アクティブ化するワークシートをインデックスで指定

業務成果に直結する！Excel操作テクニック11選

3.5.2 名前とインデックスのどちらがいいのか?

今後、フローを運用していく上で、**ワークシートの並びが変わることが多いと想定される場合、名前でアクティブ化するワークシートを指定**した方がいいです。ワークシートの並び順に変更があってもフローが正しく動作します。

逆に**名前が変わることが多いと想定される場合、インデックスでアクティブ化するワークシートを指定**した方がいいです。名前を変更しても並び順が変わらない限りフローが正しく動作します。

ワークシートの並びが変わることが多い ⇒ 名前を指定する

ワークシートの名前が変わることが多い ⇒ インデックスを指定する

3.5.3 関連セクション

[Excelの起動] アクションでExcelのインスタンスを起動する方法は以下のセクションで解説しています。

→ 3.1 新しいExcelドキュメントを開くには

→ 3.2 既存のExcelドキュメントを開くには

Excelワークシート内の
データの範囲を把握するには

「Excelワークシートからデータを取得したいが、Excelワークシート内のデータの範囲がわからない」という場合には、Excelワークシート内のデータの範囲を把握しなければいけません（図3.17）。

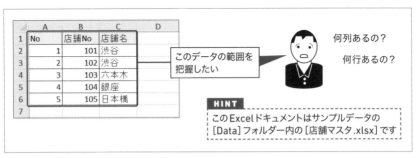

図3.17：Excelワークシート内のデータの範囲の把握

データの範囲が何列、何行あるのかを取得するには**[Excelワークシートから最初の空の列や行を取得] アクション**を使用します。

3.6.1 [Excelワークシートから最初の空の列や行を取得] アクションについて学ぼう

[Excelワークシートから最初の空の列や行を取得] アクションを使用して、データの最初の空の列と行を取得します（図3.18）。

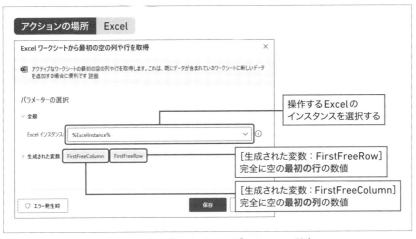

図3.18：［Excelワークシートから最初の空の列や行を取得］アクションの設定

3.6.2 データが何列あるのかを取得するには

完全に空の最初の列は4列目（D列）なので、データは3列目まで入っていることがわかります（図3.19）。

完全に空の最初の列＝4列目
よって変数[FirstFreeColumn]には
4が格納される

変数[FirstFreeColumn]から1を引けば
列数が3だとわかる

HINT
D列のセルに1つでも値が入っていれば、次の列
（E列）が「完全に空の最初の列」となります

図3.19：データが何列あるのかを把握

💡 HINT　サンプルフローについて

データの列と行を取得するフローは、サンプルフローの［**3.6　データの範囲を取得.txt**］に保存されています。

3.6.3 データが何行あるのかを取得するには

完全に空の最初の行は7行目なので、データは6行目まで入っていることがわかります（図3.20）。

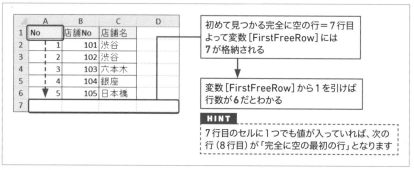

図3.20：データが何行あるのかを取得

> **HINT** 列を指定してデータが何行あるのかを取得するには

列を指定して初めて見つかる空白の行を取得するには、アクションペインの［Excel］→［詳細］の中にある**【Excelワークシートから列における最初の空の行を取得】アクション**を使用します（図3.21）。生成された変数［FirstFreeRowOnColumn］から1を引くと行数が取得できます。

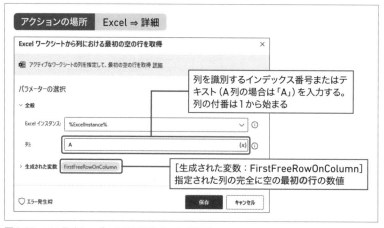

図3.21：列を指定してデータが何行あるのかを取得

列によってデータのある行数が異なり、その差をフロー内で使いたい場合は、このアクションを使用します。

使用例：本来A列、B列、C列のすべてに値が入力されているべき表があると仮定します。A列とC列の列数を取得し、A列とC列の差があるときは未入力セルがあると判断します（図3.22）。この例ではC5、C6のセルが未入力と判断できます。

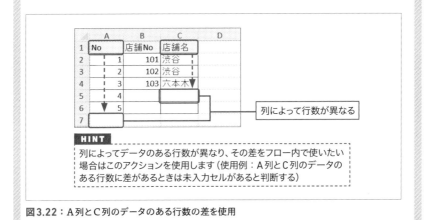

図3.22：A列とC列のデータのある行数の差を使用

3.6.4 関連セクション

［Excelの起動］アクションでExcelのインスタンスを起動する方法は以下のセクションで解説しています。

➡3.1　新しいExcelドキュメントを開くには

➡3.2　既存のExcelドキュメントを開くには

データ範囲を指定してデータを読み取る方法については以下のセクションで解説しています。

➡3.8　Excelワークシートからデータを読み取るには

Excelワークシートから
セルの値を読み取るには

Excelワークシートのセルの値を読み取って、他のシステムに転記する、といった場合に使用します（図3.23）。

本セクションでは、サンプルデータの［Data］フォルダーにある［店舗マスタ.xlsx］から「銀座」というテキストを読み取ることを例にして解説します。

	A	B	C	D
1	No	店舗No	店舗名	
2	1	101	渋谷	
3	2	102	渋谷	
4	3	103	六本木	
5	4	104	銀座	
6	5	105	日本橋	
7				

→ このセルの値を取得したい

セル［C5］の値を取得する、
もしくは3列目の5行目の値を取得する

HINT
このExcelドキュメントはサンプルデータの
［Data］フォルダー内の［店舗マスタ.xlsx］です

図3.23：セルから値を取得

Excelワークシートからセルの値を読み取るには**［Excel ワークシートから読み取り］アクション**を使用します。

> **MEMO　サンプルフローについて**
>
> ［Excel ワークシートから読み取り］アクションを使用したサンプルフローは［**3.7 セルの値を読み取り .txt**］に保存されています。

3.7.1 [Excel ワークシートから読み取り] アクションについて学ぼう

［Excel ワークシートから読み取り］アクションの解説をします（**図3.24**）。このアクションを使ったフローは、サンプルフローの［**3.7　セルの値を読み取り .txt**］に保存されています。

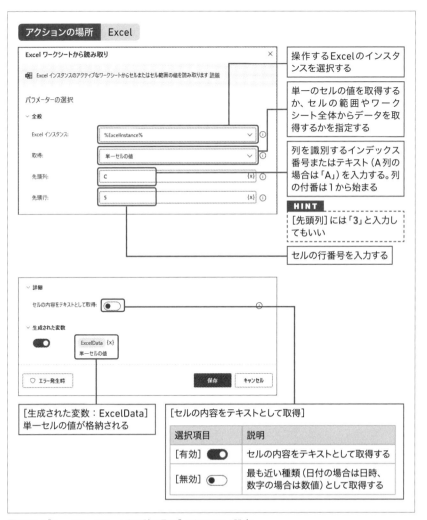

図3.24：[Excel ワークシートから読み取り] アクションの設定

3.7.2 ［取得］の種類によって読み取る範囲が変わる

　［取得］の種類には図3.25の4つがあり、それぞれによってデータの読み取る範囲が変わります。

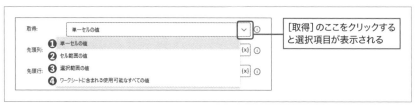

図3.25：［取得］の種類

① 単一セルの値：1つのセルから値を取得します。本セクションで解説しています。

② セル範囲の値：指定したセルの範囲から値を取得します。**「3.8　Excel ワークシートからデータを読み取るには」** で解説しています。

③ 選択範囲の値：ワークシート内で選択されている範囲から値を取得します。

④ ワークシートに含まれる使用可能なすべての値：ワークシート内のすべてを対象として値を取得します。**「3.8　Excel ワークシートからデータを読み取るには」** で解説しています。

3.7.3 関連セクション

　単一セルではなく、まとまったデータを読み取るには以下のセクションを参照してください。

　→3.8　Excel ワークシートからデータを読み取るには

3.8 Excelワークシートから データを読み取るには

前セクションではExcelワークシートから1つのセルの値を読み取る方法を解説しましたが、本セクションでは複数のセルからデータを読み取る方法を解説します（図3.26）。

	A	B	C	D
1	No	店舗No	店舗名	
2	1	101	渋谷	
3	2	102	渋谷	
4	3	103	六本木	
5	4	104	銀座	
6	5	105	日本橋	
7				

このデータを取得したい

HINT
このExcelドキュメントはサンプルデータの
[Data]フォルダー内の[店舗マスタ.xlsx]です

図3.26：Excelワークシートからデータを取得

Excelワークシートからデータを読み取るには、「**3.7 Excelワークシートからセルの値を読み取るには**」と同じく［**Excelワークシートから読み取り**］アクションを使用します。

3.8.1 ［Excelワークシートから読み取り］アクションについて学ぼう

サンプルデータの［Data］フォルダーにある［店舗マスタ.xlsx］のデータを読み取ることを例にして解説します（**図3.27**）。このアクションを使ったフローは、サンプルフローの［**3.8　ワークシートから読み取り1.txt**］に保存されています。

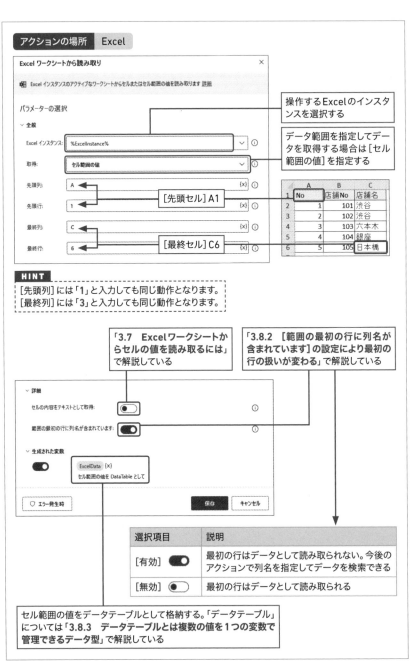

図3.27：［Excelワークシートから読み取り］アクションの設定

業務成果に直結する！Excel操作テクニック11選

[範囲の最初の行に列名が含まれています]を**[無効]**にすると最初の行はデータとして読み取られます（図3.28）。

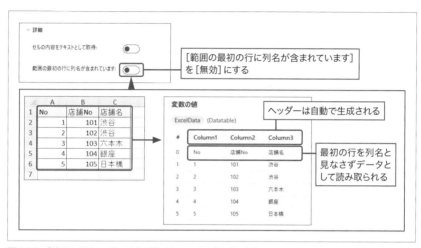

図3.28：[範囲の最初の行に列名が含まれています]を**[無効]**にする

[範囲の最初の行に列名が含まれています]を**[有効]**にすると最初の行は列名として読み取られます（図3.29）。

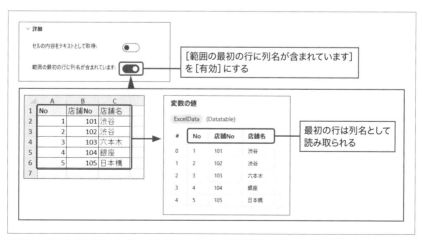

図3.29：[範囲の最初の行に列名が含まれています]を**[有効]**にする

3.8

Excelワークシートからデータを読み取るには

107

3.8.3 データテーブルとは複数の値を1つの変数で管理できるデータ型

データテーブルについては、「**1.12.3　データ型を知っておこう**」の「データテーブル型」で簡単に解説していますが、もう少し詳しく解説します。

データテーブルとは複数の値を1つの変数で管理できるデータ型です。CSVファイルやExcelファイルのように表形式のデータの場合、データテーブル型の変数で管理します。

データテーブルには行と列があります。格納されている値は、行と列の番号を使用して取得できます。「**%変数名[行番号][列番号]%**」と記述します。

例えば、**図3.30**で「%ExcelData[3][2]%」と指定すると、「銀座」というテキストが取得できます。行番号/列番号は0番目から数え始める点に注意してください。

	0列目	1列目	2列目	
	No	店舗No	店舗名	──ヘッダー
0行目	1	101	渋谷	
1行目	2	102	新宿	
2行目	3	103	六本木	
3行目	4	104	銀座	──3行目の2列目
4行目	5	105	日本橋	

データテーブル[ExcelData]

HINT
データテーブルの列番号と行番号のカウントは0から始まります

図3.30：「%ExcelData[3][2]%」と指定すると、「銀座」というテキストが取得できる

本書ではデータ型がデータテーブル型である変数のことを**データテーブル**と記述します。また変数名を記述するときは**データテーブル[変数名]**とします。

3.8.4 セル範囲を指定せずワークシートに含まれる使用可能なすべての値を読み取るには

セル範囲を指定せずワークシートに含まれる使用可能なすべての値を読み取るには、[取得]のドロップダウンリストから**[ワークシートに含まれる使用可能なすべての値]**を選択します。[セル範囲の値]を選択したときとは違い、行や列を指定する必要はありません（**図3.31**）。

図3.31：［ワークシートに含まれる使用可能なすべての値］を選択

　［ワークシートに含まれる使用可能なすべての値］を使うのは、1つのワークシートに表が1つだけしかないことが明らかな場合です。

　セル範囲を指定しなくてよいので、［セル範囲の値］を指定した場合に比べて、設定項目が少なくて済みます。

　しかし、1つのワークシートに複数の表やコメントが混在している場合、もしくはその可能性がある場合は［セル範囲の値］を指定しましょう（**図3.32**）。

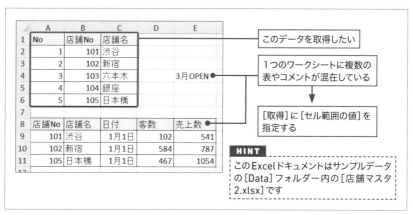

図3.32：1つのワークシートに複数の表やコメントが混在している場合

　図3.32のデータを［ワークシートに含まれる使用可能なすべての値］を指定して読み取るフローは、サンプルフローの［**3.8　ワークシートから読み取り2.txt**］に保存されています。このフローを復元してから実行すると、データテーブルには図3.33のように格納されます。このデータテーブルは利用できそうにありませんね。

変数の値					

ExcelData	(Datatable)				
#	No	店舗No	店舗名	Column1	Column2
0	1	101	渋谷		
1	2	102	新宿		
2	3	103	六本木		3月OPEN
3	4	104	銀座		
4	5	105	日本橋		
5					
6	店舗No	店舗名	日付	客数	売上数
7	101	渋谷	2022/01/01 0:00:00	102	541
8	102	新宿	2022/01/01 0:00:00	584	787
9	105	日本橋	2022/01/01 0:00:00	467	1054

図3.33：格納されたデータテーブル

3.8.5 データの範囲をアクションで取得してデータを読み取るには

　図3.34はサンプルデータに含まれる［店舗マスタ.xlsx］のデータの範囲をアクションで取得して、データを読み取るフローです。データの行と列が可変でも問題なく読み取ることができるテクニックです。「**3.6　Excel ワークシート内のデータの範囲を把握するには**」と組み合わせて理解してください。

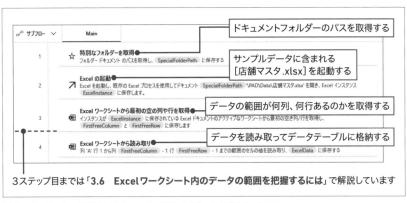

3ステップ目までは「**3.6　Excel ワークシート内のデータの範囲を把握するには**」で解説しています

図3.34：データの範囲をアクションで取得して、データを読み取るフロー

業務成果に直結する！ Excel操作テクニック11選

[Excelワークシートから読み取り］アクションの［最終列］と［最終行］の設定
に、［Excelワークシートから最初の空の列や行を取得］アクションで生成した変数
を指定します（**図3.35**）。

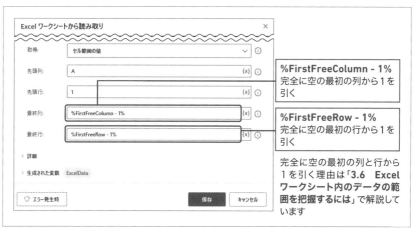

図 3.35：[Excelワークシートから最初の空の列や行を取得]アクションで生成した変数を指定

3.8.6 関連セクション

セル範囲をフローの中で取得する方法は、以下のセクションで解説しています。

→3.6　Excelワークシート内のデータの範囲を把握するには

CSVファイルから
データを読み取るには

業務システムからCSV形式でデータをダウンロードできることが多いため、業務の中でCSVファイルを扱う機会はたくさんあります。

本セクションではサンプルデータの［Data］フォルダーにある［店舗マスタ.csv］のデータを読み取ることを例にして解説します。［店舗マスタ.csv］をメモ帳で開くと、**図3.36**のように見えます。

このデータを取得したい

HINT
このCSVファイルはサンプルデータの［Data］フォルダー内の［店舗マスタ.csv］です

図3.36：［店舗マスタ.csv］をメモ帳で開く

3.9.1 ［CSVを読み取ります］アクションについて学ぼう

読み取るCSVファイルのパスを指定します（**図3.37**）。

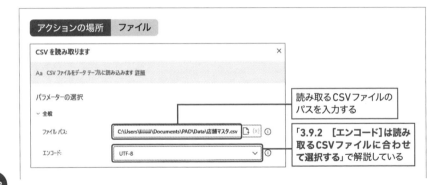

読み取るCSVファイルのパスを入力する

「**3.9.2 ［エンコード］は読み取るCSVファイルに合わせて選択する**」で解説している

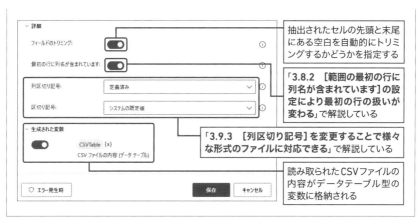

図3.37：［CSV を読み取ります］アクションの設定

3.9.2 ［エンコード］は読み取るCSVファイルに合わせて選択する

　エンコードとはコンピュータ上で文字を取り扱うために、文字に数値を割り当てる処理のことです。読み取るCSVファイルに合わせて選択しましょう。**読み取ったデータが文字化け（「?????」など読めない文字になること）してしまうときは選択を変更**してください（図3.38）。

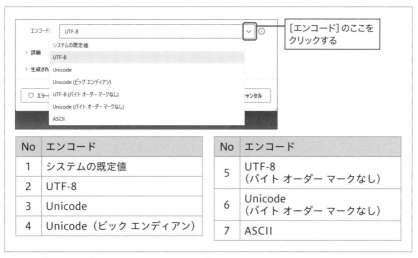

No	エンコード	No	エンコード
1	システムの既定値	5	UTF-8 （バイト オーダー マークなし）
2	UTF-8	6	Unicode （バイト オーダー マークなし）
3	Unicode		
4	Unicode（ビック エンディアン）	7	ASCII

図3.38：［エンコード］は読み取るCSVファイルに合わせて選択

3.9.3 ［列区切り記号］を変更することで様々な形式のファイルに対応できる

［列区切り記号］を変更することで、**様々な［区切り記号］に対応**できます（図 3.39）。［列区切り記号］に［定義済み］を指定した場合は、一般的な区切り記号で あるコンマやセミコロンなどを選択できます。

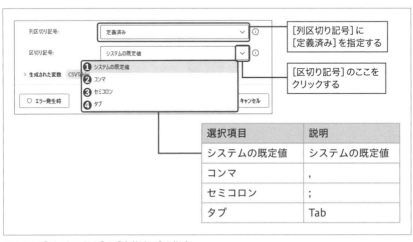

選択項目	説明
システムの既定値	システムの既定値
コンマ	,
セミコロン	;
タブ	Tab

図3.39：［列区切り記号］に［定義済み］を指定

❶ システムの既定値：区切り文字はシステムの既定値（コンマ）となります。

❷ コンマ：区切り文字は「,」となります。

❸ セミコロン：区切り文字は「;」となります。

❹ タブ：区切り文字はTabとなります。

［列区切り記号］に［カスタム］を指定した場合は任意の区切り記号を入力できま す。**図3.40**は［カスタム区切り記号］に「＋」を指定した例です（こういうことは ほとんどないと思いますが）。

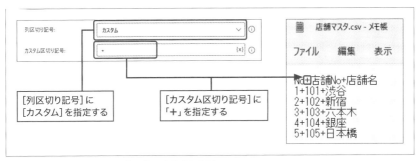

図3.40:［カスタム区切り記号］に「+」を指定した例

　［列区切り記号］に［列の幅を固定する］を指定した場合は固定長形式のファイル
に対応できます。1列目が5桁、2列目が7桁、3列目が10桁の場合は「5,7,10」と
入力します（**図3.41**）。

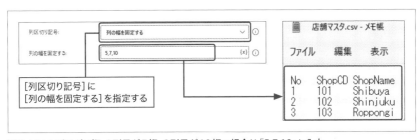

図3.41:1列目が5桁、2列目が7桁、3列目が10桁の場合は「5,7,10」と入力

3.9.4　関連セクション

　Excelドキュメントからデータを読み取るには以下のセクションを参照してくだ
さい。データテーブルについても解説しています。

　●3.8　Excelワークシートからデータを読み取るには

Excelワークシートに
テキストを書き込むには

これまで、Excelワークシートから値やデータを読み込む方法について解説してきましたが、本セクションでは**Excelワークシートにテキストを書き込む方法**について解説します。

Excelワークシートにテキストを書き込むには**[Excelワークシートに書き込み]アクション**を使用します。

3.10.1 [Excelワークシートに書き込み] アクションについて学ぼう

ワークシート［Sheet1］のセル［A1］に「テスト入力」と入力する方法を例にして解説します（**図3.42**）。

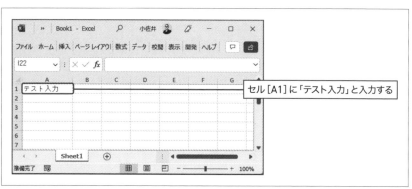

図3.42：ワークシート［Sheet1］のセル［A1］に「テスト入力」と入力する

Excelワークシートにテキストを書き込むには**[Excelワークシートに書き込み]アクション**を使用します（**図3.43**）。

業務成果に直結する！ Excel操作テクニック11選

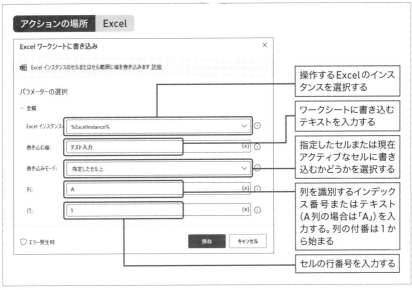

図3.43：［Excelワークシートに書き込み］アクションの設定

3.10.2 〉 Excelワークシートにデータを書き込むこともできる

Excelワークシートにテキストを書き込む方法を解説しましたが、データテーブルやリストの値を書き込むこともできます。サンプルデータの［Data］フォルダーにある［店舗マスタ.csv］を読み取って、Excelワークシートに書き込むフローの例です（**図3.44**）。

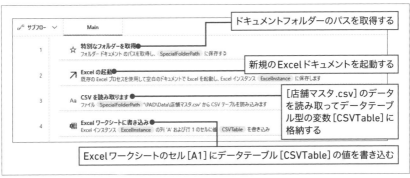

図3.44：［店舗マスタ.csv］を読み取って、Excelワークシートに書き込むフロー

> **MEMO** **図3.44のサンプルフローについて**
>
> このフローはサンプルフローの［**3.10　ワークシートに書き込み.txt**］に保存されています。

［Excelワークシートに書き込み］ダイアログはこのように設定します（**図3.45**）。

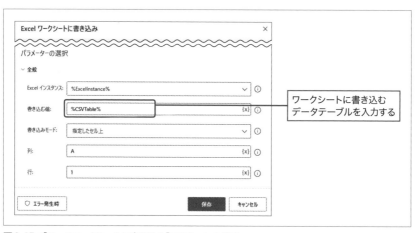

図3.45：［Excelワークシートに書き込み］アクションの設定

　フローを実行するとサンプルデータの［店舗マスタ.csv］のデータがExcelワークシートに書き込まれます（**図3.46**）。

図3.46：フローの実行結果

3.10.3 関連セクション

　Excelドキュメントを新しく作成する方法については以下のセクションで解説しています。

　➲3.1　新しいExcelドキュメントを開くには

　CSVファイルからデータを読み取るには以下のセクションを参照してください。

　➲3.9　CSVファイルからデータを読み取るには

3.11 キー送信によって Excelを操作するには

アクションペインの [Excel] グループには多くのExcel操作に関するアクションがありますが、**キー送信によりExcelを操作する方法**を知っておくことで、実現できることの幅が広がります。キーを送信するには **[キーの送信] アクション**を使用します。

3.11.1 [キーの送信]アクションについて学ぼう

キーボードでExcelを操作する手順をシミュレートさせます（**図3.47**）。

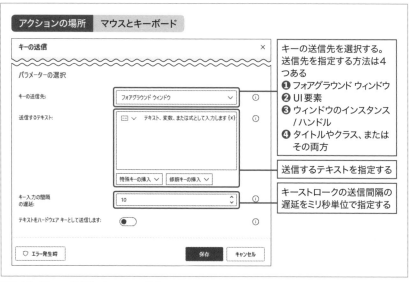

図3.47：[キーの送信] アクションの設定

3.11.2 フローを作成してみよう

サンプルデータの [Data] フォルダーにある [店舗マスタ.xlsx] のA列のデータ入力部分のみを選択状態にする操作を行います。セル [A1] がアクティブになっている状態で、[Ctrl] キーと [Shift] キーを同時に押しながら、さらに [下方向]

業務成果に直結する！ Excel操作テクニック11選

キーを押すという操作です。操作の結果は**図3.48**のようになります。

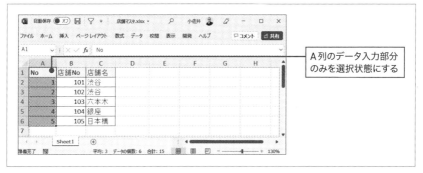

図3.48：A列のデータ入力部分のみを選択状態にする操作

STEP1 ［Excelの起動］アクションを追加する

　サンプルデータに含まれる［店舗マスタ.xlsx］を起動します。「**3.2　既存の Excelドキュメントを開くには**」を参照して［Excelの起動］アクションの追加と 設定を行ってください。

STEP2 ［Excelワークシート内のセルをアクティブ化］アクションを追加する（図3.49）

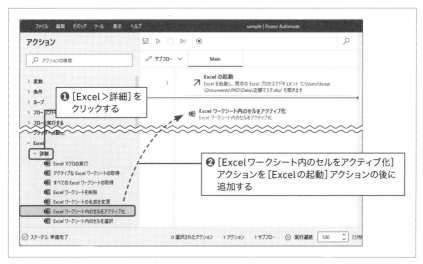

図3.49：［Excelワークシート内のセルをアクティブ化］アクションの追加

STEP3 ［Excelワークシート内のセルをアクティブ化］アクションの設定を行う

　セルに対して、キーの送信を行おうとしているため、セルが操作対象となっている必要があります。**操作対象となっていることを「アクティブになっている」といいます。**

　セル［A1］がアクティブになっていない場合を考慮して、セル［A1］をアクティブ化する設定を行ってください（**図3.50**）。

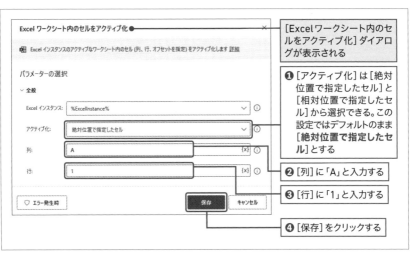

図3.50：［Excelワークシート内のセルをアクティブ化］アクションの設定

STEP4 [キーの送信] アクションを追加する（図3.51）

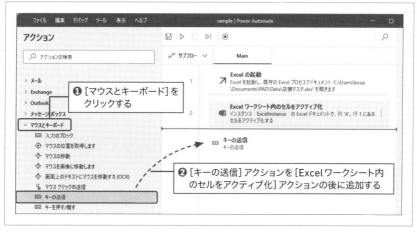

図3.51：[キーの送信] アクションの追加

STEP5 [キーの送信] アクションの設定を行う

[キーの送信] ダイアログが表示されるので、[キーの送信先] の設定を行ってください（図3.52）。

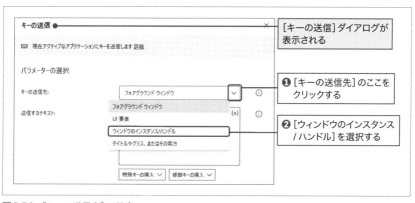

図3.52：[キーの送信先] の設定

STEP6 ［ウィンドウインスタンス］の設定を行う（図3.53）

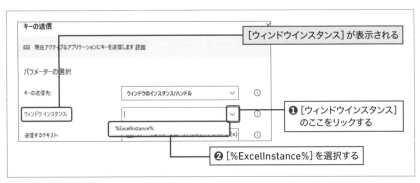

図3.53：［ウィンドウインスタンス］の設定

STEP7 ［送信するテキスト］の設定を行う

　［送信するテキスト］に［Ctrl］キーと［Shift］キーを同時に押しながら、さらに［下方向］キーを押すという操作の設定を行ってください（**図3.54**）。

　［送信するテキスト］の設定は、慣れるまでは難しく感じるので、ゆっくり確実に設定してください。

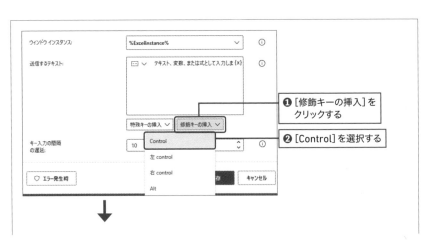

業務成果に直結する！ Excel操作テクニック11選

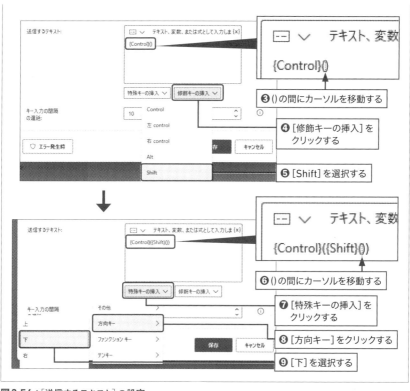

図3.54：［送信するテキスト］の設定

STEP8 保存する（図3.55）

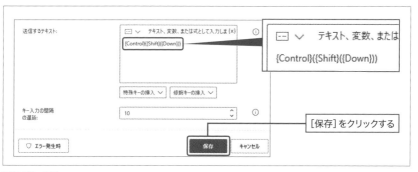

図3.55：保存

フローが完成しました（図3.56）。

図3.56：フローの完成

> **MEMO** サンプルフローについて
>
> このフローはサンプルフローの［**3.11 列を選択するには1.txt**］に保存されています。フローを復元するとエラーが発生します。フローの1ステップ目にある【**Excelの起動**】**アクション**のダイアログを開き、［ドキュメント パス］にサンプルデータに含まれる［店舗マスタ.xlsx］のパスを指定して、［保存］をクリックしてください。

3.11.3 フローを実行する

フローを実行してください。［店舗マスタ.xlsx］が表示され、セル［A1］から［A6］の範囲が選択されていれば成功です（図3.57）。［店舗マスタ.xlsx］は保存せずに閉じてください。

図3.57：フローの実行結果

業務成果に直結する！ Excel操作テクニック11選

同じ操作を異なるアクションを使って行うには

本セクションでは［キーの送信］アクションを使って［店舗マスタ.xlsx］のA列の
データ入力部分のみを選択しましたが、［Excel］グループ内のアクションを使っても
同じ結果を実現できます（図3.58）。

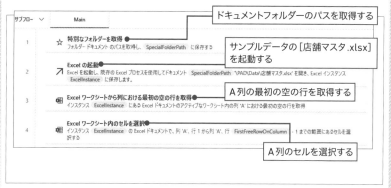

図3.58：同じ操作を［Excel］グループ内のアクションを使って行う

このフローはサンプルフローの［**3.11　列を選択するには2.txt**］に保存されてい
ます。

> **MEMO**　［Excel］グループには多くのExcel操作に関するアクションがある
>
> ［Excel］グループには28ものアクションがあり、本書で使用していないものも、た
> くさんあります。Excel操作の自動化について考えるときは、まず、［Excel］グルー
> プ内をよく見てください（**図3.59**）。［キーの送信］アクションはここに該当するアク
> ションが見つからなかった場合に使うといいですね。

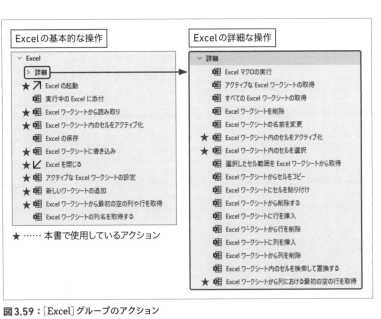

図3.59：［Excel］グループのアクション

3.11.4　関連セクション

　［店舗マスタ.xlsx］を開く方法については以下のセクションで解説しています。
　➡3.2　既存のExcelドキュメントを開くには

　［Excelワークシートから列における最初の空の行を取得］アクションについては
以下のセクションで解説しています。
　➡3.6　Excelワークシート内のデータの範囲を把握するには

業務成果に直結する！Excel操作テクニック11選

⫸ CHAPTER4 ⫷

超高速化！
Webサイトを使った
業務の時短テクニック7選

クラウドサービスの普及によりWebブラウザー（以後、ブラウザーと記述する）を使って業務を行う機会はますます増えています。本ChapterではPower Automate for desktopでブラウザーを操作する方法について解説します。Power Automate for desktopはMicrosoft Edge、Google Chrome、Mozilla Firefox、Internet Explorer、オートメーションブラウザーの5種類のブラウザーを操作することができます。本書では**Microsoft Edgeを使用して**解説します。

著者が運用している「**サンプルWebサイト**」を使ってブラウザーの操作にチャレンジしてください。

ブラウザー（Microsoft Edge）を起動するには

Power Automate for desktopはMicrosoft Edge、Google Chrome、Mozilla Firefox、Internet Explorer、オートメーションブラウザー（Power Automate for desktopに搭載されているブラウザー）の5種類のブラウザーを操作することができます。本書ではMicrosoft Edgeを使用して解説します。

Microsoft Edgeを起動するには、**[新しいMicrosoft Edgeを起動する]アクション**を使います。

4.1.1 [新しいMicrosoft Edgeを起動する]アクションについて学ぼう

著者が運用している「サンプルWebサイト」を表示する設定を例にして解説します（図4.1）。

図4.1：[新しいMicrosoft Edgeを起動する]アクションの設定

4.1.2 Microsoft Edge に拡張機能をインストールしよう

Power Automate for desktop で Microsoft Edge を操作するためには、Microsoft Edge に拡張機能をインストールする必要があります。次の手順でインストールしてください。

STEP1 ［ブラウザー拡張機能］の［Microsoft Edge］を選択する（図4.2）

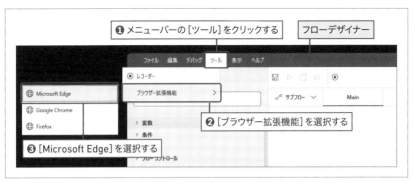

図4.2：［ブラウザー拡張機能］の［Microsoft Edge］をクリック

STEP2 ［インストール］をクリックする（図4.3）

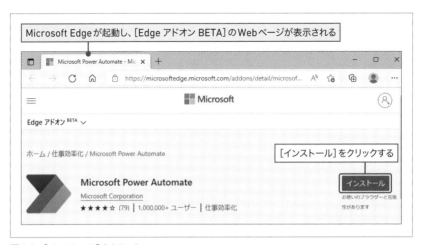

図4.3：［インストール］をクリック

STEP3 ［拡張機能の追加］をクリックする（図4.4）

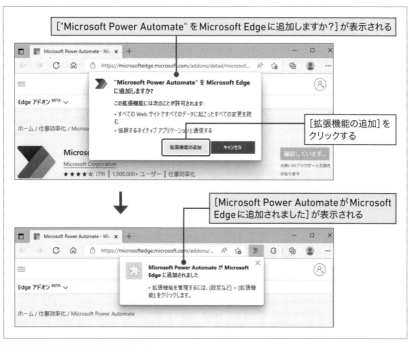

図4.4：［拡張機能の追加］をクリック

　これでMicrosoft Edgeへの拡張機能のインストールが完了しました。Microsoft Edgeを閉じてください。

4.1.3 フローを作成してみよう

STEP1 [新しいMicrosoft Edgeを起動する] アクションを追加する（図4.5）

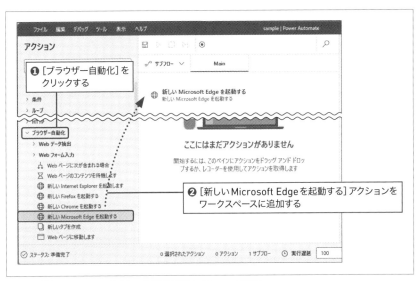

図4.5：［新しいMicrosoft Edgeを起動する］アクションの追加

STEP2 [新しいMicrosoft Edgeを起動する] アクションを設定する（図4.6）

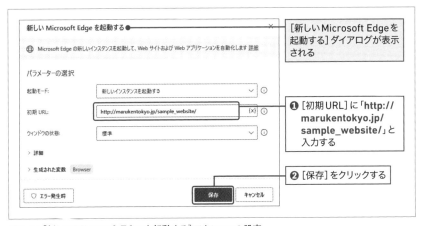

図4.6：［新しいMicrosoft Edgeを起動する］アクションの設定

4.1.4 〈 フローを実行してみよう

フローを実行してください。サンプルWebサイトが起動してフローが終了します（図4.7）。

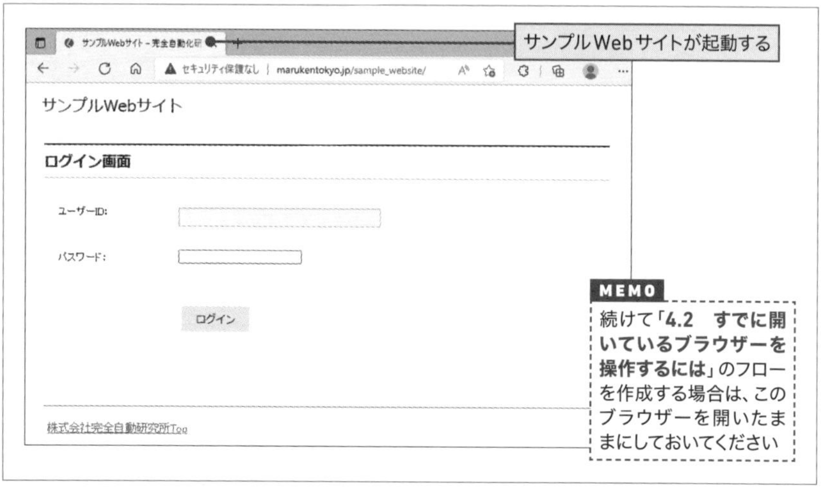

サンプルWebサイトが起動する

MEMO
続けて「4.2 すでに開いているブラウザーを操作するには」のフローを作成する場合は、このブラウザーを開いたままにしておいてください

図4.7：フローの実行

📍 **HINT** ― Microsoft Edge の起動時に複数のタブページが開く場合は

Microsoft Edgeが起動したとき、前回のセッションで開いていたタブページが開く設定になっている場合は、新しいタブページを開くように設定を変更してください。設定の変更方法を解説します。

Microsoft Edgeを起動し、右上の［設定など］（［…］マークのアイコン）をクリックし、メニューの中から［設定］をクリックしてください。［設定］画面が表示されるので、左側のメニューの中から［［スタート］、［ホーム］、および［新規］タブ］をクリックしてください。右側に［Microsoft Edgeの起動時］という項目が表示されるので、［新しいタブ ページを開く］を選択して、Microsoft Edgeを閉じてください。

4.1.5 関連セクション

本セクションで起動したブラウザーは以下のセクションで使用します。

➋4.2　すでに開いているブラウザーを操作するには

ブラウザーを閉じる方法については以下のセクションで解説しています。

➋4.3　ブラウザーを閉じるには

4.2 すでに開いているブラウザーを操作するには

すでに開いているブラウザーを操作するために使用するアクションは、前セクションと同じ**［新しいMicrosoft Edgeを起動する］アクション**ですが、設定方法が異なります。

4.2.1 ［新しいMicrosoft Edgeを起動する］アクションについて学ぼう

アクション名は「新しいMicrosoft Edgeを起動する」ですが、すでに実行中のMicrosoft Edgeのインスタンスに接続します（**図4.8**）。

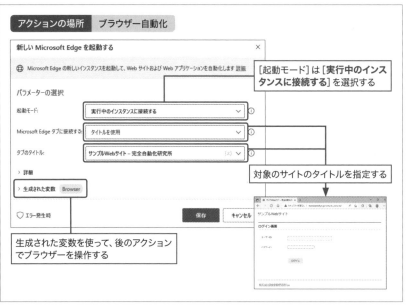

図4.8：［新しいMicrosoft Edgeを起動する］アクションの設定

4.2.2 Microsoft Edgeタブに接続する方法

[Microsoft Edgeタブに接続する] の選択項目は3種類あります（**図4.9**）。

図4.9：Microsoft Edgeタブに接続する方法

❶ タイトルを使用：タイトルを使用してMicrosoft Edgeのタブに接続します。

❷ URLを使用：URLを使用してMicrosoft Edgeのタブに接続します。

❸ フォアグラウンド ウィンドウを使用：フォアグラウンド ウィンドウとして
実行されているMicrosoft Edgeのアクティブなタブに接続します。

4.2.3 フローを作成してみよう

フローを作成して動作を確認しましょう。

STEP1 サンプルWebサイトをMicrosoft Edgeで起動する

「**4.1 ブラウザー（Microsoft Edge）を起動するには**」のフローを実行して、サ
ンプルWebサイトを開いている場合は、このSTEPは飛ばして **STEP2** から実施
してください。

Microsoft Edgeを起動してください（**図4.10**）。

図4.10：Microsoft Edgeの起動

Microsoft Edgeが起動するので、サンプルWebサイトのURLを入力してください（図4.11）。

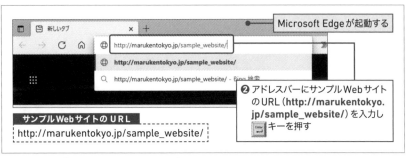

図4.11：サンプルWebサイトのURLを入力

サンプルWebサイトが表示されます（図4.12）。

図4.12：サンプルWebサイト

STEP2 ［新しいMicrosoft Edgeを起動する］アクションを追加する（図4.13）

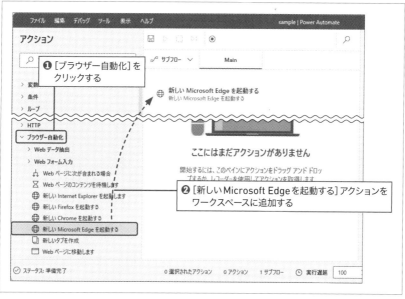

図4.13：［新しいMicrosoft Edgeを起動する］アクションの追加

STEP3 ［新しいMicrosoft Edgeを起動する］アクションを設定する（図4.14）

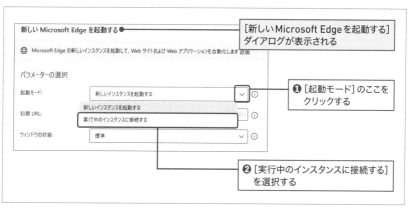

図4.14：［新しいMicrosoft Edgeを起動する］アクションの設定

　Microsoft Edgeのタブに、Webページのタイトルを指定して接続する設定を行ってください。[Microsoft Edgeタブに接続する] の設定は、デフォルトのまま [タイトルを使用] としてください。続いて [タブのタイトル] を選択してください（図4.15）。

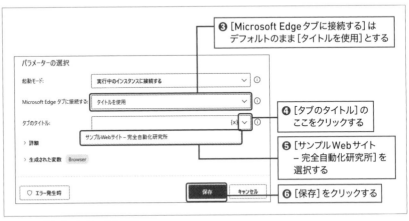

図4.15：[タブのタイトル] を選択

4.2.4 フローを実行してみよう

サンプルWebサイトのウィンドウがフローデザイナーの後ろに隠れた状態で、フローを実行してください。サンプルWebサイトのウィンドウがフォアグラウンドに表示されれば成功です（図4.16）。

図4.16：フローの実行結果

4.2.5 関連セクション

ブラウザーを新規に開く方法は以下のセクションで解説しています。

➡4.1 ブラウザー（Microsoft Edge）を起動するには

ブラウザーを閉じる方法については以下のセクションで解説しています。

➡4.3 ブラウザーを閉じるには

ブラウザーを閉じるには

ブラウザーを閉じるには、**[Webブラウザーを閉じる] アクション**を使用します。

4.3.1 [Webブラウザーを閉じる]アクションについて学ぼう

[Webブラウザーインスタンス] には [新しいMicrosoft Edgeを起動する] アクションで起動した（または接続した）ブラウザーのインスタンスを指定します（図4.17）。

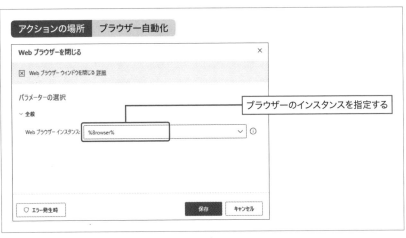

図4.17：[Webブラウザーを閉じる]アクションの設定

4.3.2 関連セクション

ブラウザーを閉じるには、ブラウザーが開いている必要があります。ブラウザーを開く方法については以下のセクションで解説しています。

➡4.1 ブラウザー（Microsoft Edge）を起動するには

➡4.2 すでに開いているブラウザーを操作するには

Webページのボタンを
クリックするには

Webページ内のボタンをクリックするには、**[Webページのボタンを押します]
アクション**を使用します。

4.4.1 [Webページのボタンを押します]アクションについて学ぼう

[UI要素] にWebページ内のボタンを指定します（**図4.18**）。

アクションの場所 ブラウザー自動化 ⇒ Web フォーム入力

Web ページのボタンを押します   ×

▭ Web ページのボタンを押します 詳細

パラメーターの選択

∨ 全般

Web ブラウザー インスタンス: %Browser% ∨   ⓘ ← ブラウザーのインスタンスを指定する

UI 要素: Computer > Web Page 'http://marukentokyo.j ∨   🗈 ⓘ

← Webページ内のボタンを指定する

∨ 詳細

ページが読み込まれるまで待機します: 🔵   ⓘ

Web ページの読み込み中にタイムアウト: 60   {x}   ⓘ

ポップアップ ダイアログが表示された場合: 何もしない ∨   ⓘ

♡ エラー発生時   保存   キャンセル

図4.18：[Webページのボタンを押します] アクションの設定

超高速化！Webサイトを使った業務の時短テクニック7選

MEMO UI要素とは部品のこと

UI要素とは**Webページやアプリケーション上に配置された部品のこと**です。ボタンや入力ボックスなどはすべてUI要素です。しかし、Power Automate for desktopはUI要素の場所を人間のように目で見て把握するわけではありません（図4.19）。

図4.19：Power Automate for desktopは人間の目で見るように認識してはいない

Power Automate for desktopがUI要素を認識して操作するためには、UI要素の場所を正確に指定してあげる必要があります。そのためにUI要素の構造を利用します。ボタンや入力ボックスなどのUI要素は、**Webページやアプリケーションとの親子関係で構成されて**います（図4.20）。

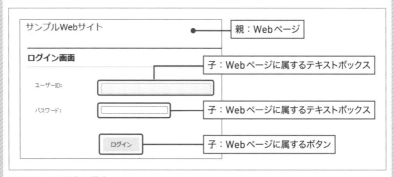

図4.20：UI要素の構成

このWebページのボタンは「**Webページ>ログインボタン**」という文字列で特定することができます（実際にはもっと深い階層にあるのですが、単純化して説明しています）。この文字列のことを**セレクター**と呼びます。セレクターはWebページやアプリケーション上の**UI要素の場所を示す住所のようなもの**です。

4.4.2 フローを作成してみよう

UI要素の指定方法が少し難しいので、フローを作成しながら理解しましょう。

STEP1 [新しいMicrosoft Edgeを起動する] アクションを追加して設定する

「**4.1 ブラウザー（Microsoft Edge）を起動するには**」を参照して、[新しいMicrosoft Edgeを起動する] アクションを追加し、サンプルWebサイトを起動する設定を行ってください。

STEP2 フローを実行してサンプルWebサイトを起動する（図4.21）

図4.21：フローの実行結果

STEP3 ［Webページのボタンを押します］アクションを追加する（図4.22）

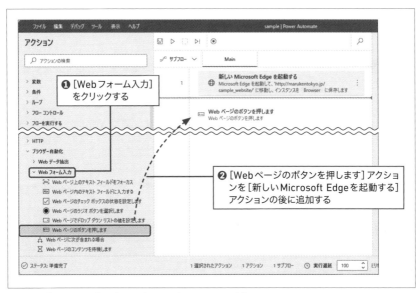

図4.22：［Webページのボタンを押します］アクションの追加

STEP4 ［Webページのボタンを押します］アクションを設定する（図4.23）

図4.23：［Webページのボタンを押します］アクションの設定

超高速化！Webサイトを使った業務の時短テクニック7選

フローデザイナーが最小化されて［UI要素ピッカー］ダイアログが表示されます。［Ctrl］キーを押しながら、サンプルWebサイトの［ログイン］をクリックしてください（**図4.24**）。

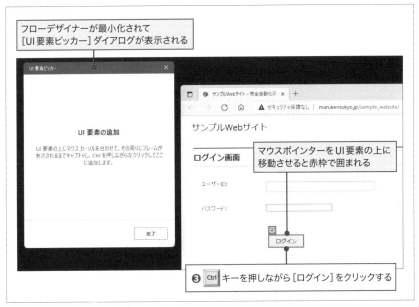

図4.24：［UI要素ピッカー］ダイアログの表示

［UI要素ピッカー］ダイアログは自動的に閉じて、［Webページのボタンを押します］ダイアログが再表示されます。これでUI要素が指定できました（**図4.25**）。

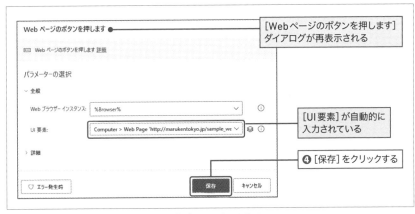

図4.25：［Webページのボタンを押します］ダイアログの再表示

4.4.3 フローを実行してみよう

現在、起動しているブラウザーを閉じてから、フローを実行してください。サンプルWebサイトが起動して、[ログイン] がクリックされたら成功です（**図4.26**）。

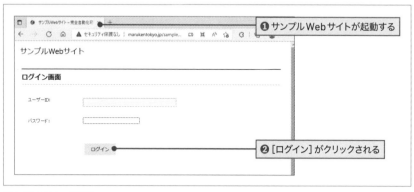

❶ サンプルWebサイトが起動する

❷ [ログイン] がクリックされる

図4.26：フローの実行

ログインがクリックされた後にエラーが表示されますが、ユーザーIDもパスワードも入力していないので正しい動作です（**図4.27**）。

[ログイン] がクリックされた後、ここにエラーメッセージが表示される

MEMO
「サイトに問題が発生しました。時間をおいて再度ログインしてください。」と表示されるパターンもありますが、どちらも正しい動作です

図4.27：動作の確認

4.4.4 関連セクション

「**4.4.2 フローを作成してみよう**」の **STEP1** のブラウザーを新規に開く方法については以下のセクションで解説しています。

➡4.1　ブラウザー（Microsoft Edge）を起動するには

Webページのテキストボックスに入力するには

Webページのテキストボックスに入力するには、**[Webページ内のテキストフィールドに入力する] アクション**を使用します。

4.5.1 [Webページ内のテキストフィールドに入力する]アクションについて学ぼう

入力対象のテキストボックスのUI要素と、入力する値を指定します（図4.28）。

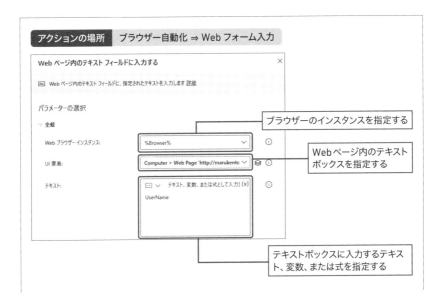

図4.28：[Webページ内のテキストフィールドに入力する]アクションの設定

4.5.2 フローを作成してみよう

STEP1 [新しいMicrosoft Edgeを起動する] アクションを追加して、フローを
実行する

　「**4.4　Webページのボタンをクリックするには**」の「**4.4.2 フローを作成してみ
よう**」の **STEP1** と **STEP2** を実施してください。サンプルWebサイトが表示さ
れた状態になります。

STEP2 ［Webページ内のテキストフィールドに入力する］アクションを追加する（図4.29）

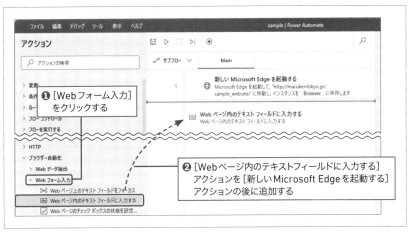

図4.29：［Webページ内のテキストフィールドに入力する］アクションの追加

STEP3 ［Webページ内のテキストフィールドに入力する］アクションを設定する（図4.30）

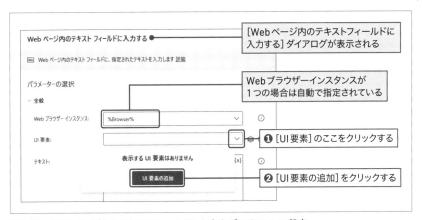

図4.30：［Webページ内のテキストフィールドに入力する］アクションの設定

［UI要素ピッカー］ダイアログが表示されます（**図4.31**）。

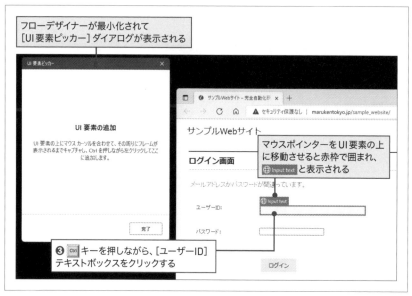

図4.31：［UI要素ピッカー］ダイアログの表示

［UI要素ピッカー］ダイアログが自動的に閉じて、［Webページ内のテキストフィールドに入力する］ダイアログが再表示されます（**図4.32**）。

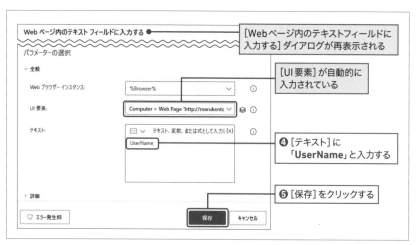

図4.32：［Webページ内のテキストフィールドに入力する］ダイアログの再表示

4.5.3 フローを実行してみよう

　現在、起動しているブラウザーを閉じてから、フローを実行してください。サンプルWebサイトが起動して、[ユーザーID] テキストボックスに「UserName」と入力されたら成功です（**図4.33**）。

サンプルWebサイトが起動する

[ユーザーID] テキストボックスに「**UserName**」と入力される

図4.33：フローの実行結果

4.5.4 関連セクション

　「4.5.2　フローを作成してみよう」の **STEP1** のブラウザーを新規に開く方法については以下のセクションで解説しています。

➡4.1　ブラウザー（Microsoft Edge）を起動するには

UI要素については以下のセクションで解説しています。

➡4.4　Webページのボタンをクリックするには

4.5

Webページのテキストボックスに入力するには

Webページから
テキストを読み取るには

Webページ上のテキストを読み取って、後続のフローで判断に使ったり、読み取った値をファイルに書き込んだりするときは、**[Webページ上の要素の詳細を取得します] アクション**を使用します。

4.6.1 [Webページ上の要素の詳細を取得します]アクションについて学ぼう

読み取り対象のUI要素を指定します（図4.34）。

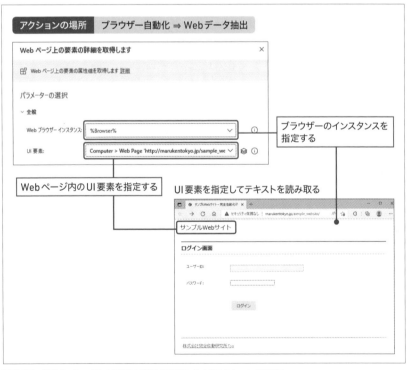

図4.34：[Webページ上の要素の詳細を取得します] アクションの設定

超高速化！ Webサイトを使った業務の時短テクニック7選

［詳細］の中には［属性名］があります（**図4.35**）。

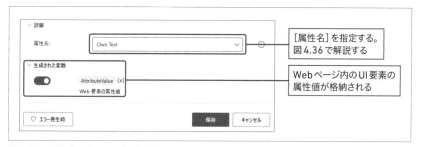

図4.35：［詳細］の中にある［属性名］を指定する。
図4.36で解説する

Webページ内のUI要素の
属性値が格納される

図4.35：[詳細] の中にある[属性名]

属性名の設定を変更することで［生成された変数］に格納される属性値が変わります。デフォルトの属性名は［Own Text］で、表示されているテキストを取得するものです（**図4.36**）。

図4.36：属性名の選択項目

❶ Own Text：表示されているテキストを取得します。
❷ Title：Title属性の内容を取得します。
❸ Source Link：画像（IMGタグ）のsrc属性を取得します。
❹ HRef：Aタグのhref属性（リンク先）を取得します。
❺ Exists：UI要素が存在するかどうかを示す値を取得します。
　　UI要素が存在する⇒「True」が格納されます。
　　UI要素が存在しない⇒「False」が格納されます。

4.6.2 フローを作成してみよう

STEP1 [新しいMicrosoft Edgeを起動する] アクションを追加して、フローを実行する

「**4.4.2 フローを作成してみよう**」の **STEP1** と **STEP2** を実施してください。サンプルWebサイトが表示された状態になります。

STEP2 [Webページ上の要素の詳細を取得します] アクションを追加する（図4.37）

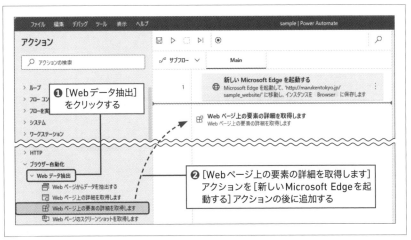

図4.37：[Webページ上の要素の詳細を取得します] アクションの追加

超高速化！ Webサイトを使った業務の時短テクニック7選

STEP3 ［Webページ上の要素の詳細を取得します］アクションを設定する（図4.38）

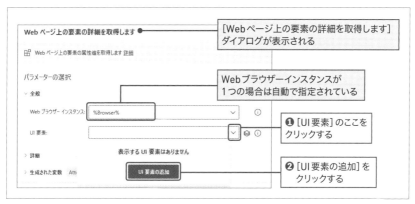

図4.38：［Webページ上の要素の詳細を取得します］アクションの設定

［UI要素ピッカー］ダイアログが表示されます（**図4.39**）。

図4.39：［UI要素ピッカー］ダイアログの表示

4.6

Webページからテキストを読み取るには

［UI要素ピッカー］ダイアログが自動的に閉じて、［Webページ上の要素の詳細を取得します］ダイアログが再表示されます（**図4.40**）。

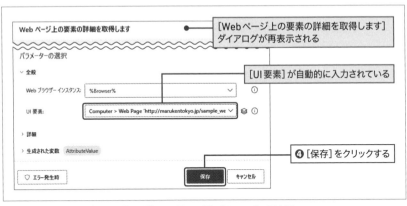

図4.40：［Webページ上の要素の詳細を取得します］ダイアログの再表示

4.6.3 フローを実行してみよう

現在、起動しているブラウザーを閉じてから、フローを実行してください。ブラウザーが起動し、サンプルWebサイトが表示されます。数秒でブラウザーが閉じてフローが終了します。

変数ペインを確認しましょう。変数［AttributeValue］に「サンプルWebサイト」という文字列が格納されていれば成功です（**図4.41**）。

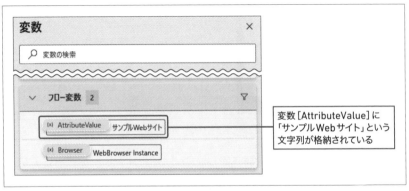

図4.41：変数ペインで変数［AttributeValue］を確認

超高速化！ Webサイトを使った業務の時短テクニック7選

4.6.4 関連セクション

「**4.6.2　フローを作成してみよう**」の STEP1 のブラウザーを新規に開く方法について は以下のセクションで解説しています。

➡4.1　ブラウザー（Microsoft Edge）を起動するには

ボタンの UI 要素を取得する方法については以下のセクションで解説しています。

➡4.4　Web ページのボタンをクリックするには

Web ページからテキストを読み取るには

レコーダーを使って
記録するには

ブラウザーを操作するフローは、[レコーダー] を利用することで、簡単に作成することができます。

> **HINT** **ブラウザー以外の操作の記録もできる**
>
> 本セクションではブラウザー操作の記録にレコーダーを使用しますが、**デスクトップアプリケーションの操作の記録も同じボタンから行うことができます**。以前は「デスクトップレコーダー」と「Webレコーダー」が分かれていましたが、2021年12月のアップデートで統一されました。

4.7.1 本セクションで作成するフローの動作を把握しよう

本セクションで作成するフローを実行すると、次のような動作になります。

Microsoft Edgeが起動し、サンプルWebサイトが表示されます（図4.42❶）。[ユーザーID] と [パスワード] が入力され（図4.42❷❸）、[ログイン] がクリックされます（図4.42❹）。[お知らせ] 画面に遷移し（図4.42❺）、[読みました] がクリックされます（図4.42❻）。

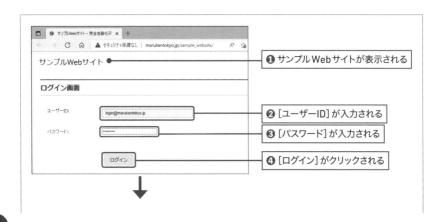

超高速化！ Webサイトを使った業務の時短テクニック7選

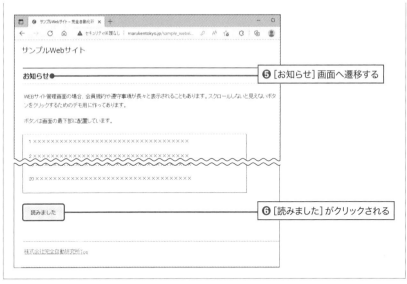

図4.42：フロー実行時の動作

4.7.2 新規フローを作成する

「**1.8 新しいフローを作成する**」を参照して、新規フローを作成してください。新規フローの名前は「**Webサイトログイン**」としてください（**図4.43**）。ここで作成するフロー［Webサイトログイン］は「**7.6 失敗する可能性のある処理をリトライ実行するには**」で再利用します。

図4.43：新規フローの作成

4.7.3 レコーディングしよう

STEP1 ［レコーダー］をクリックする（図4.44）

図4.44：［レコーダー］をクリック

フローデザイナーが最小化されて、［レコーダー］ダイアログが表示されます（図 4.45）。

図4.45：［レコーダー］ダイアログの表示

Microsoft Edgeを起動してサンプルWebサイトを表示する手順を記録する

[レコーダー] ダイアログを操作してください（**図4.46**）。

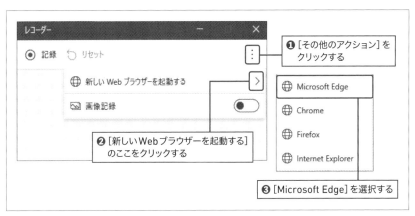

図4.46：[レコーダー]ダイアログの操作

Microsoft Edgeが起動するので、アドレスバーにサンプルWebサイトのURLを入力し、[Enter] キーを押してください（**図4.47**）。

図4.47：Microsoft Edgeの起動とサンプルWebサイトのURL入力

サンプルWebサイトのログイン画面が表示されます。

STEP3 [レコーダー] ダイアログの [記録] をクリックする（図4.48）

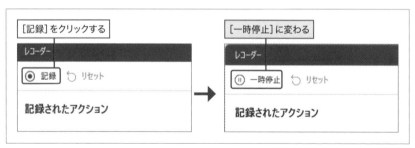

図4.48：[レコーダー] ダイアログの [記録] をクリック

STEP4 [ユーザーID] テキストボックスに入力する（図4.49）

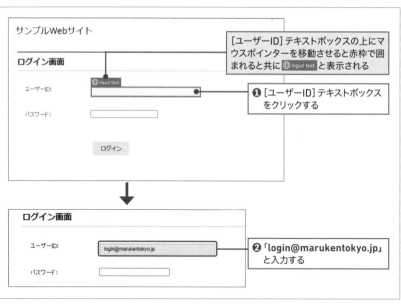

図4.49：[ユーザーID] テキストボックスに入力

STEP5 ［パスワード］テキストボックスに入力し、［ログイン］をクリックする
（図4.50）

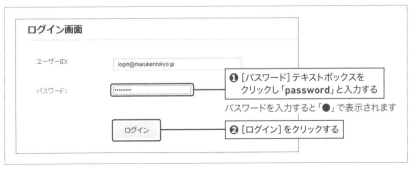

図4.50：［パスワード］テキストボックスに入力して［ログイン］をクリック

STEP6 ［お知らせ］画面の［読みました］をクリックする（図4.51）

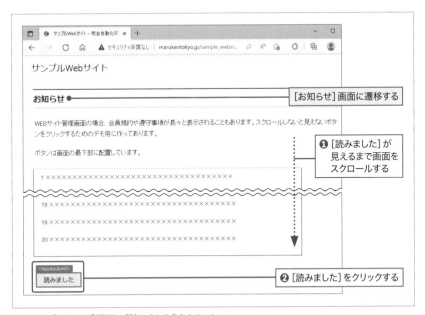

図4.51：［お知らせ］画面の［読みました］をクリック

> **HINT** ［お知らせ］画面に遷移しなかった場合は？
>
> サンプルWebサイトは**3分の1の確率でログインに失敗するように設計されている**ので、レコーディングを続けられなくなる場合があります。［お知らせ］画面に遷移しなかった場合は、本セクションの「**4.7.5 レコーディングを続けられない場合の対処方法を知ろう**」を参照してください。

STEP7 ［レコーダー］ダイアログの［完了］をクリックする（図4.52）

図4.52：［レコーダー］ダイアログの［完了］をクリック

これでレコーディングは終了です。最後に自動作成されたフローを修正してフローを完成させてください。

4.7.4 自動作成されたフローを修正しよう

［コメント］アクションが自動的に追加されていますが、フローの動作とは関係が
ないので削除します（図4.53）。

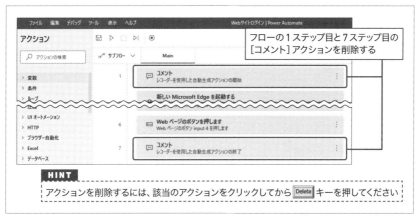

図4.53：［コメント］アクションの削除

これでフローが完成しました。上書き保存しておいてください（図4.54）。

図4.54：フローの完成

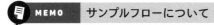

MEMO　サンプルフローについて

このフローはサンプルフローの［**4.7　Webサイトログイン.txt**］に保存されていま
す。サンプルフローを実行する前に、フローの3ステップ目にある［**Webページ内の
テキストフィールドに入力する**］**アクション**のダイアログを開き、［テキスト］に
「**password**」と入力し、［保存］をクリックしてください。

1
2
3
4
5
6
7
8
9

超高速化！Ｗｅｂサイトを使った業務の時短テクニック7選

> **HINT** ［レコーダー］はどんなときに使う？
>
> ここまで解説してきたように、まとまった操作を記録するときに使うと効率的ですが、「こういう操作をしたいけど、どのアクションを使うといいのかわからない」という場合に使ってもいいですね。**アクションを覚えていなくても自動的に適切なアクションが選択されますから。**

4.7.5 レコーディングを続けられない場合の対処方法を知ろう

サンプルWebサイトは**3分の1の確率でログインに失敗するように設計されているので、**レコーディングを続けられなくなる場合があります（図4.55）。この場合の対処方法を解説します。すでにフローが完成している場合は、「**4.7.6 フローを実行してみよう**」に進んでください。

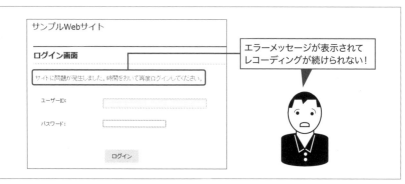

図4.55：レコーディングを続けられない場合

STEP1 ［レコーダー］ダイアログの［一時停止］をクリックする（図4.56）

図4.56：［レコーダー］ダイアログの［一時停止］をクリック

STEP2 手動でログイン操作を行う（図4.57）

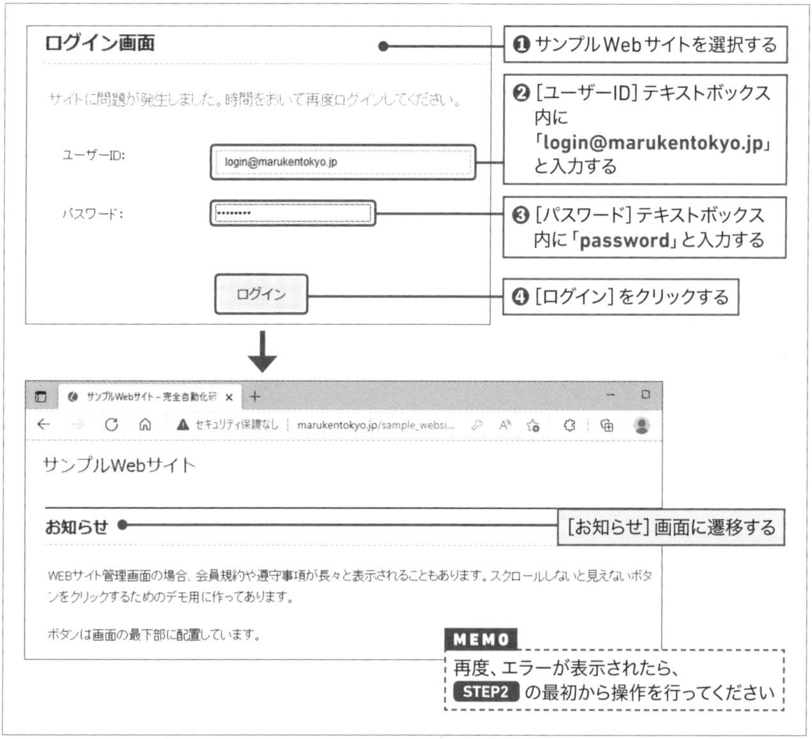

図4.57：手動でログインを操作を行う

STEP3 ［レコーダー］ダイアログの［記録］をクリックする

［レコーダー］ダイアログの［記録］をクリックしてください（「**4.7.3　レコーディングしよう**」の **STEP3** を参照してください）。レコーディングが開始されます。「**4.7.3　レコーディングしよう**」の **STEP6** から操作を続けてください。

4.7.6 フローを実行してみよう

フロー作成時に使用したサンプルWebサイトは閉じてから、フローを実行してください。自動的に行われる操作は「**4.7.1　本セクションで作成するフローの動作を把握しよう**」で解説していますので、そちらを参照してください。

ただし、「**4.7.5 レコーディングを続けられない場合の対処方法を知ろう**」で解説している通り、ログインに失敗するパターンもあります。この場合はフローが**エラー終了**し、フローデザイナーの下部にエラーが表示されます（**図4.58**）。

図4.58：フローでエラーが発生した場合、エラーが表示される

4.7.7 関連セクション

新しいフローを作成する方法については以下のセクションで解説しています。
➡1.8 新しいフローを作成する

本セクションではログイン時にエラーが発生した場合は、フローがエラー終了しましたが、ログイン時にエラーが発生した場合に、自動的に再ログインを試みる方法については以下のセクションで解説しています。
➡7.6 失敗する可能性のある処理をリトライ実行するには

⊨ CHAPTER5 ⊨

今日から使える！
メールを操作する
3つのテクニック

業務に電子メール（以後、メールと記述します）を利用する機会はたくさんありますね。「Excelで売上データを作成しメールで送信する」、「システムのユーザー登録依頼がメールで来たら対応する」、といった業務パターンがビジネスの現場には根付いています。そのため、**メールに関わる業務を自動化できれば、業務の工数削減に大きな効果があります。**

本書ではMicrosoftアカウントを取得すると（Microsoftアカウントは Power Automate for desktopを使うために取得しているはずです）**無料で使えるOutlook.com**を使用してメールを操作する方法を解説します。

メールを送信するには

メールを送信するには、**[メールの送信] アクション**を使用します。実際にフローを作成しながら、アクションの設定についても解説します。

5.1.1 フローを作成してみよう

Microsoft アカウントを取得すると無料で使える Web メールサービス「**Outlook. com**」を利用してメールを送信するフローを解説します。Outlook.com へのアクセス方法は、後ほど「**5.1.2 フローを実行してみよう**」で解説します。

STEP1 [メールの送信] アクションを追加する（図 5.1）

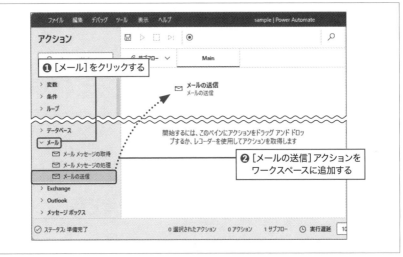

図 5.1：[メールの送信] アクションの追加

STEP2 [SMTPサーバー] の設定を行う（図5.2）

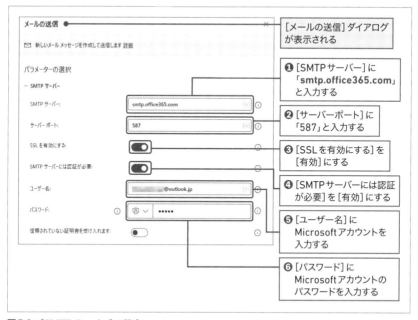

図5.2：[SMTPサーバー] の設定

📑 **MEMO** **SMTPサーバーとは**

SMTPサーバーとは「**S**imple **M**ail **T**ransfer **P**rotocol」の頭文字をとったもので、**メール送信を行うサーバー**のことです。

SMTPサーバーの設定情報はメールサービスを提供している企業のサイトに載っていることが多いです。会社で管理しているメールサービスの設定は、システムの管理者に問い合わせてください。

STEP3 送信するメールの情報を入力する（図5.3）

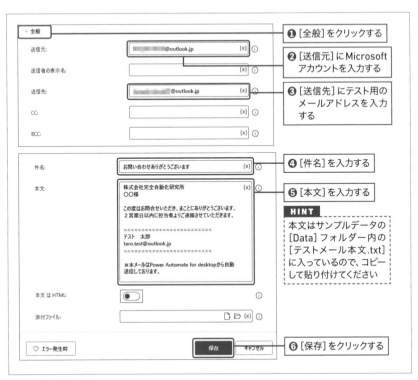

❶ [全般] をクリックする

❷ [送信元] に Microsoft
アカウントを入力する

❸ [送信先] にテスト用の
メールアドレスを入力
する

❹ [件名] を入力する

❺ [本文] を入力する

HINT
本文はサンプルデータの
[Data] フォルダー内の
[テストメール本文.txt]
に入っているので、コピー
して貼り付けてください

❻ [保存] をクリックする

図5.3：[全般] の設定

HINT 送信元と送信先に同じメールアドレスを使用してもいい

送信元と送信先に同じメールアドレス（Microsoftアカウントと同じです）を入力すると、複数のメールアドレスを用意せずにテストすることができます（図5.4）。

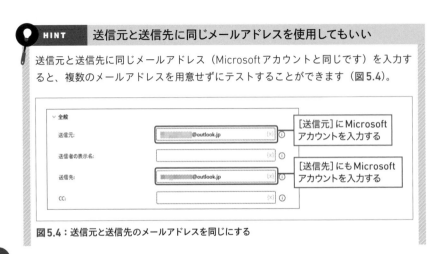

[送信元] に Microsoft
アカウントを入力する

[送信先] にも Microsoft
アカウントを入力する

図5.4：送信元と送信先のメールアドレスを同じにする

今日から使える！メールを操作する3つのテクニック

送信元とは異なる送信先に間違いなくメール送信ができるかどうかをテストするには不十分ですが、**複数のメールアドレスを持っていない場合でもフローを実行できるように**解説しています。複数のメールアドレスを持っている場合は、送信先に異なるメールアドレスを入力してください。

「**5.2　受信したメールを取得するには**」と「**5.3　メールを受信して内容を読み取るには**」で作成するフローは、送信元と送信先に同じメールアドレス（Microsoftアカウント）を入力して、メール送信を実行する前提で解説しています。

5.1.2 〈 フローを実行してみよう

フローを実行してください。正しく設定できていれば数秒でフローは正常終了します。エラーが発生した場合は、［メールの送信］アクション内の**SMTPサーバーの設定に誤りがある場合が多い**ので、大文字/小文字、ピリオド（.）の位置、パスワードなどをよく確認しましょう。

フローが無事に終了したらメールが送信できたかを確認しましょう。確認方法を解説します。

STEP1 Outlook.comのWebページを開いて［サインイン］をクリックする

Microsoft Edgeを起動して、Outlook.comのWebページ（**https://outlook.com/**）を開き、［サインイン］をクリックしてください（**図5.5**）。

図5.5：Outlook.comのWebページを開いて［サインイン］をクリック

［サインイン］画面が表示されるので、**Microsoftアカウントのユーザー名とパスワードを入力**してサインインしてください。

STEP2 ［メールの送信］アクションで送信されたメールを確認する（図5.6）

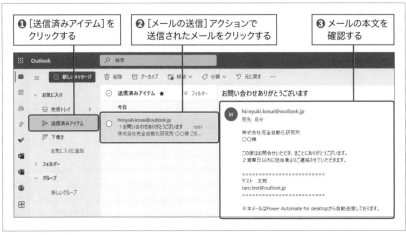

❶［送信済みアイテム］を
クリックする

❷［メールの送信］アクションで
送信されたメールをクリックする

❸ メールの本文を
確認する

図5.6：［メールの送信］アクションで送信されたメールを確認

MEMO メール送信の自動化は慎重に！

メールは送信してしまうと取り消しはできないので、メール送信を自動化する際は特に、慎重にテストしましょう。必ず、テスト用のメール受信アドレスに対してテストメールを送信して、誤字脱字、添付ファイルの間違いなどの問題がないことを確認しましょう（図5.7）。

図5.7：メール送信は取り消しできない

Outlookを使っている場合は[Outlook]グループを使おう

本書ではMicrosoftアカウントを取得すると無料で使えるOutlook.comでメールを
送信する方法を解説していますが、**Microsoft Outlookに対しては専用のアクショ
ンが用意**されています（図5.8）。
Outlookがインストールされた環境では、メールメッセージの送受信を行うサーバー
の設定は不要です。すでにOutlookに設定されているからです。また、[Outlookメッ
セージに応答します]アクションなど、[メール]グループにはないアクションが用
意されているため、非常に便利です。

```
∨ Outlook
    ↗ Outlook を起動します
    🔳 Outlook からメール メッセージを取得します
    🔳 Outlook からのメール メッセージの送信
    🔳 Outlook でメール メッセージを処理します
    🔳 Outlook メール メッセージを保存します
    🔳 Outlook メッセージに応答します
    ↙ Outlook を閉じます
```

図5.8：[Outlook]グループ

5.1.3 関連セクション

本セクションで送信したテストメールを受信する方法を以下のセクションで解説
しています。
➡5.2　受信したメールを取得するには

本セクションで送信したテストメールから特定の内容を読み取る方法を以下のセ
クションで解説しています。
➡5.3　メールを受信して内容を読み取るには

メールを送信する本格的なフローを以下のセクションで解説しています。
➡9.2　Excelの送信先リストと連携してメールを送信する

受信したメールを
取得するには

メールを取得するには、**[メールメッセージの取得] アクション**を使用します。本セクションでも「**5.1　メールを送信するには**」と同様に、Outlook.com を利用してメールを取得する方法を解説します。

5.2.1　[メールメッセージの取得] アクションについて学ぼう

IMAP サーバーとメールフィルターの設定を行います（**図 5.9**）。

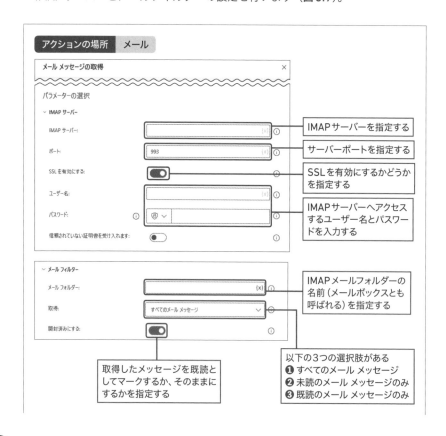

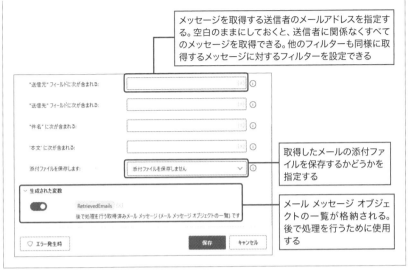

メッセージを取得する送信者のメールアドレスを指定する。空白のままにしておくと、送信者に関係なくすべてのメッセージを取得できる。他のフィルターも同様に取得するメッセージに対するフィルターを設定できる

取得したメールの添付ファイルを保存するかどうかを指定する

メール メッセージ オブジェクトの一覧が格納される。後で処理を行うために使用する

図5.9：［メールメッセージの取得］アクションの設定

> **MEMO** IMAPとは
>
> IMAPとはメールにアクセスするための方法です。基本的にメールメッセージをコンピュータ端末にダウンロードせず、サーバー上で管理します。そのため携帯電話、ノートパソコン、タブレットなど、様々なデバイスからメールメッセージを確認できます。

5.2.2 フローを作成してみよう

Webメールサービス「Outlook.com」で受信したメールを取得するフローを作成します。

STEP1 メールメッセージが1件以上存在することを確認する

Outlook.comの**受信トレイにメールメッセージが1件以上存在することが、フローが動作する条件**です。Outlook.comを開いて受信トレイにメールメッセージが存在することを確認してください（**図5.10**）（Outlook.comの開き方はP.175の「**5.1.2　フローを実行してみよう**」を参照してください）。

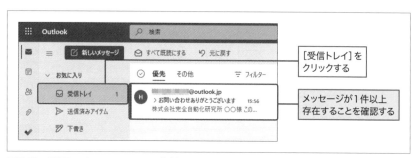

図5.10：受信トレイにメールメッセージが存在することを確認

> **MEMO** 「5.1　メールを送信するには」のフローを実行しよう
>
> 事前に本フローで受信するメールアドレス（Microsoftアカウント）に対して、メールメッセージを送信してください。「**5.1.1　フローを作成してみよう**」の STEP3 の手順で、送信元と送信先を同じメールアドレス（Microsoftアカウント）を入力して［メールの送信］アクションを実行してください。本フローはこの方法で送信したメールメッセージを受信していることを前提としています。

STEP2 ［メールメッセージの取得］アクションを追加する（図5.11）

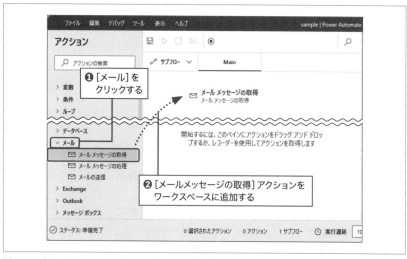

図5.11：［メールメッセージの取得］アクションの追加

今日から使える！メールを操作する３つのテクニック

STEP3 [IMAPサーバー] の設定を行う（図5.12）

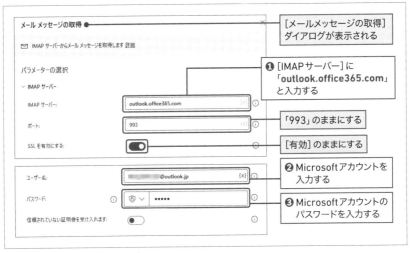

図5.12：[IMAPサーバー] の設定

STEP4 [メールフィルター] 内の項目を設定して保存する（図5.13）

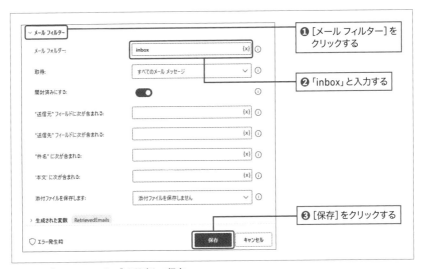

図5.13：[メールフィルター] を設定して保存

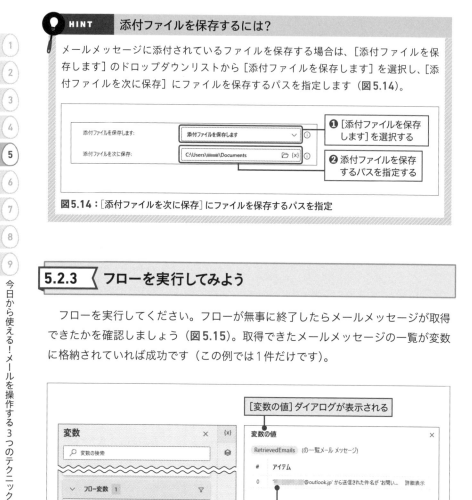

HINT 添付ファイルを保存するには？

メールメッセージに添付されているファイルを保存する場合は、［添付ファイルを保存します］のドロップダウンリストから［添付ファイルを保存します］を選択し、［添付ファイルを次に保存］にファイルを保存するパスを指定します（**図5.14**）。

❶［添付ファイルを保存します］を選択する

❷ 添付ファイルを保存するパスを指定する

図5.14：［添付ファイルを次に保存］にファイルを保存するパスを指定

5.2.3 フローを実行してみよう

フローを実行してください。フローが無事に終了したらメールメッセージが取得できたかを確認しましょう（**図5.15**）。取得できたメールメッセージの一覧が変数に格納されていれば成功です（この例では1件だけです）。

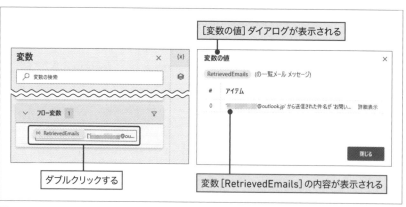

［変数の値］ダイアログが表示される

ダブルクリックする

変数［RetrievedEmails］の内容が表示される

図5.15：変数［RetrievedEmails］の内容を確認

5.2.4 関連セクション

　Outlook.comを利用してメールを送信する方法は以下のセクションで解説しています。

　⮕5.1　メールを送信するには

5.3 メールを受信して 内容を読み取るには

受信したメールメッセージの内容からメールアドレスや日時などの特定の内容（エンティティと呼びます）を取得して、後続のフローで使用したいケースがあります（図5.16）。

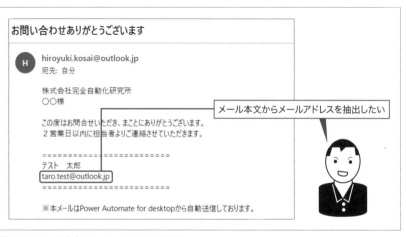

図5.16：メール本文からメールアドレスを抽出

この場合は［エンティティをテキストで認識する］アクションを使用します。

5.3.1 ［エンティティをテキストで認識する］アクションについて学ぼう

認識を行うテキストとエンティティの種類を設定します。エンティティは12種類用意されています（図5.17）

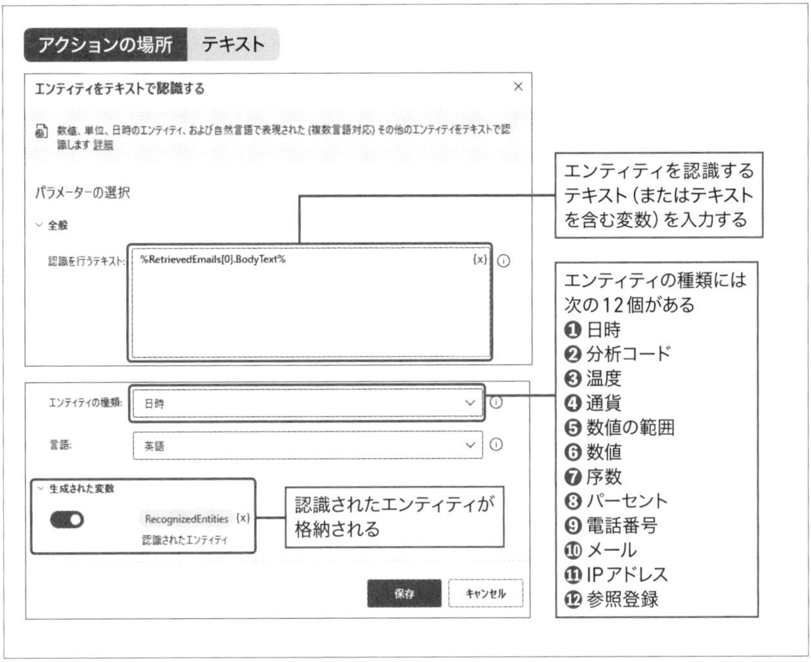
アクションの場所
テキスト
エンティティをテキストで認識する
数値、単位、日時のエンティティ、および自然言語で表現された（複数言語対応）その他のエンティティをテキストで認識します 詳細
パラメーターの選択
全般
認識を行うテキスト:
%RetrievedEmails[0].BodyText%
エンティティの種類:
日時
言語:
英語
生成された変数
RecognizedEntities
認識されたエンティティ
保存
キャンセル
エンティティを認識するテキスト（またはテキストを含む変数）を入力する
エンティティの種類には次の12個がある
❶日時
❷分析コード
❸温度
❹通貨
❺数値の範囲
❻数値
❼序数
❽パーセント
❾電話番号
❿メール
⓫IPアドレス
⓬参照登録
認識されたエンティティが格納される

図5.17：［エンティティをテキストで認識する］アクションの設定

5.3.2 フローを作成してみよう

Outlook.comの**受信トレイに「5.1　メールを送信するには」で送信したメールメッセージが存在することが、フローが動作する条件**です。Outlook.comの受信トレイにメールメッセージが存在することを確認してください（Outlook.comの開き方は「**5.1.2　フローを実行してみよう**」を参照してください）。

STEP1 ［メールメッセージの取得］アクションを追加する

P.179「**5.2.2　フローを作成してみよう**」を実施して、メールメッセージを取得するフローを作成してください。

STEP2 ［エンティティをテキストで認識する］アクションを追加する（図5.18）

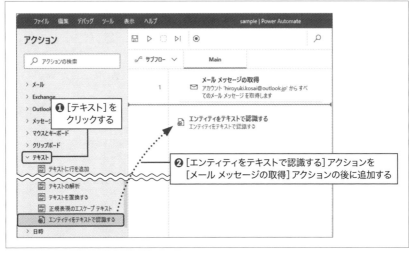

図5.18：［エンティティをテキストで認識する］アクションの追加

STEP3 ［認識を行うテキスト］を入力する（図5.19）

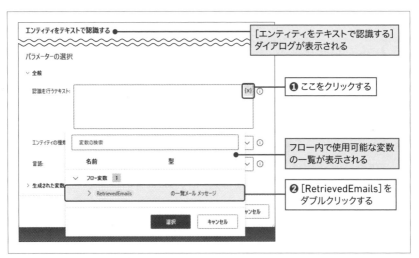

図5.19：［認識を行うテキスト］の入力

[認識を行うテキスト] に「%RetrievedEmails%」と入力されますので、「**% RetrievedEmails[0].BodyText%**」に変更します（**図5.20**）。

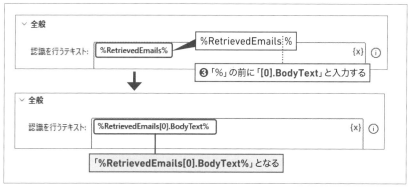

図5.20：「%RetrievedEmails[0].BodyText%」に変更

「[0]」はメールオブジェクト変数［RetrievedEmails］の最初（0からカウントされます）のメールオブジェクトを表します。「.BodyText」はメール本文を示しているので、受信した最初のメールの本文を認識することになります。

STEP4 ［エンティティの種類］を選択する

［エンティティの種類］の［メール］はメールアドレスを意味します（**図5.21**）。

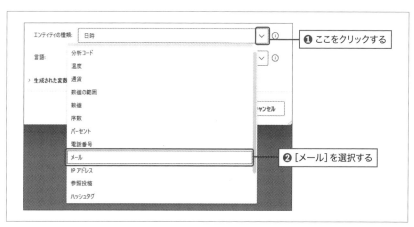

図5.21：［エンティティの種類］の選択

STEP5 保存する（図5.22）

図5.22：保存

フローが完成しました（図5.23）。

図5.23：フローの完成

5.3.3 フローを実行してみよう

　フローを実行してください。メールメッセージの受信に数秒かかります。フローが無事に終了したら、テストメールの本文からメールアドレスが抽出できたかを変数ペインで確認しましょう（図5.24）。

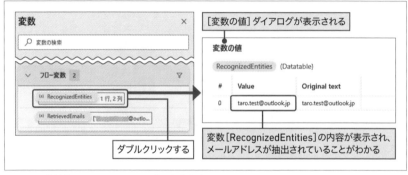

図5.24：変数［RecognizedEntities］の内容を確認

HINT ［テキスト］グループを活用しよう

本書では［エンティティをテキストで認識する］アクションのみを取り上げていますが、アクションペインの［テキスト］グループには、テキストを様々に操作できるアクションが格納されています（図5.25）。

「商品コードの頭に0を付けたい」⇒［テキストをパディング］アクション、「姓と名前をくっつけて、氏名にしたい」⇒［テキストの結合］アクション、など業務でよくある要望を解決することができます。

```
∨ テキスト
    Abc   テキストに行を追加
    def
    Abc   サブテキストの取得
    def
    Abc   テキストをパディング
    def
    Abc   テキストのトリミング
    def
    Abc   テキストを反転
    def
    Abc   テキストの文字の大きさを変更
    def
     ⊥    テキストを数値に変換
     ⊥    数値をテキストに変換
     ⊥    テキストを datetime に変換
     ⊥    datetime をテキストに変換
    Abc   ランダム テキストの作成
    def
    Abc   テキストの結合
    def
    Abc   テキストの分割
    def
    Abc   テキストの解析
    def
    Abc   テキストを置換する
    def
    Abc   正規表現のエスケープ テキスト
    def
    🔠    エンティティをテキストで認識する
```

図5.25：［テキスト］グループ

5.3.4 〈 関連セクション

以下のセクションのフローを実行してテストメールを送信してください。

➡ 5.1　メールを送信するには

テストメールを受信する方法は以下のセクションで解説しています。

➡ 5.2　受信したメールを取得するには

CHAPTER6

制御フローを
使いこなそう

ここまで多くのアクションの使用方法を学んできました。
Chapter6では複雑な業務に柔軟に対応するために必要
な、「**制御フロー**」について解説します。プログラミングの
基礎的な知識ですので、特にプログラミング経験がない
方は、本Chapterの学習に力を入れてください。

6.1
CHAPTER6

処理を繰り返すには
（Loop）

Power Automate for desktopで自動化を行うためには「**プログラミングの基本**」を理解することが**非常に重要**です。プログラミングの基本となる**制御フロー**は3つあります（図6.1）。

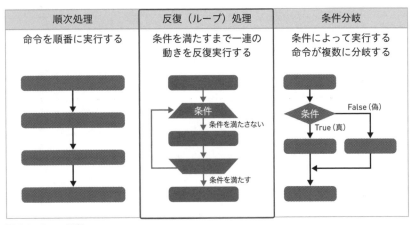

順次処理	反復（ループ）処理	条件分岐
命令を順番に実行する	条件を満たすまで一連の動きを反復実行する	条件によって実行する命令が複数に分岐する

図6.1：3つの制御フロー

　順次処理は「命令を順番に実行する」ということですので、Power Automate for desktopでは、フロー内のアクションが上から順番に実行されるということを示しています（図6.2）。

制御フローを使いこなそう

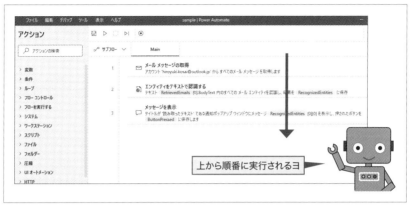

図6.2：フロー内のアクションが上から順番に実行される

　プログラミングが初めての方にとっては**「反復（ループ）処理」と「条件分岐」がわかりにくい**でしょう。本セクションでは**反復（ループ）処理**を実装する方法について解説します。

MEMO　「ループ」で統一します

Power Automate for desktopでは「反復」を「ループ」と呼んでいますので、本書でも「ループ」で統一します。

6.1.1　ループ処理を実装するには [ループ] アクショングループを使う

　Power Automate for desktopには、ループ処理を実現するために複数のアクションが用意されています。ループ処理を実現するためのアクションは、**アクションペインの [ループ] グループ**にまとめられています（図6.3）。

　本セクションではシンプルなループ処理を実装する **[Loop] アクション**について解説します。

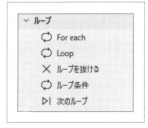

図6.3：アクションペインの
[ループ] グループ

6.1.2 [Loop] アクションについて学ぼう

　ループ数を格納する変数（ループインデックスと呼ぶ）が1から始まり、1つずつ増加されて、最終的に3になるまでループするには、図6.4のように設定します。

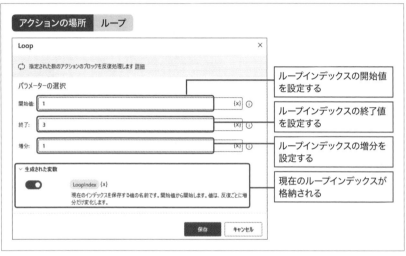

図6.4：[Loop] アクションの設定

6.1.3 [End] アクションが自動的に追加される

　[Loop] アクションを設定して保存すると、[Loop] アクションとともに [End] アクションも自動的に追加されます（図6.5）。

図6.5：[End] アクションが自動的に追加

6.1.4 ［Loop］アクションを使ったフローの例

　［Loop］アクションと［End］アクションの間に反復したい処理を入れます。図6.6のフローでは［メッセージを表示］アクションを入れています。

　このフローを実行すると［Loop］アクションから［End］アクションまでのブロックが3回実行されます。メッセージボックスには、現在のループインデックスの値が表示されます。メッセージボックスの［OK］をクリックすることで、ループが継続されて都度ループインデックスがカウントアップされていきます。

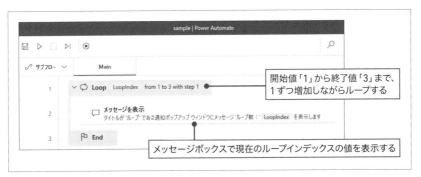

図6.6：［Loop］アクションを使ったフロー

MEMO　図6.6のサンプルフローについて

このフローはサンプルフローの［**6.1　Loop.txt**］に保存されています。

6.1.5 関連セクション

　［メッセージを表示］アクションは以下のセクションで解説しています。

→2.1　メッセージボックスを表示するには

　［Loop］アクションは以下のセクションで使用しています。

→8.6　Webサイトに商品マスタの内容を登録する

処理を繰り返すには（ループ条件）

ある条件を満たす限りループを繰り返す処理を実装する場合は、**［ループ条件］アクション**を使います。

6.2.1 ［ループ条件］アクションについて学ぼう

［最初のオペランド］［演算子］［2番目のオペランド］を指定して、ループ条件を設定します。設定した条件がTrue（真）である限り、［ループ条件］アクションのブロックをループ処理します（**図6.7**）。

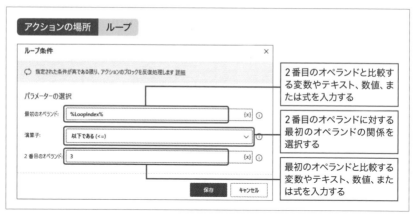

図6.7：［ループ条件］アクションの設定

> **MEMO　オペランドとは「被演算子」**
>
> オペランドとは「**被演算子**」、つまり演算の対象となる変数や値のことです。例えば、「X=1」のオペランドは「X」と「1」です（図6.8）。［ループ条件］アクションの設定に当てはめると「X」は［最初のオペランド］で、「1」は［2番目のオペランド］になります。「=」は「**演算子**」と呼びます。演算子は6種類あります。

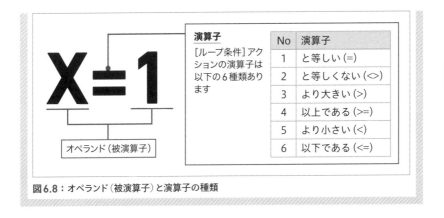

No	演算子
1	と等しい (=)
2	と等しくない (<>)
3	より大きい (>)
4	以上である (>=)
5	より小さい (<)
6	以下である (<=)

演算子
[ループ条件]アクションの演算子は以下の6種類あります

オペランド（被演算子）

図6.8：オペランド（被演算子）と演算子の種類

6.2.2 [Loop条件]アクションを使ったフローの例

ループインデックスが1から始まり、1つずつ増加されて、最終的に3になるまでループするフローです（**図6.9**）。

[Loop]アクションとは違い、アクション内でループインデックスが生成されないので、[変数の設定]アクションを使って、ループインデックスとして変数[LoopIndex]を作成し、初期値に1を格納します。ループインデックスの値が3以下である間、[Loop条件]アクションのブロックが実行されます。メッセージボックスには、現在のループインデックスの値が表示されます。メッセージボックスの[OK]をクリックすることで、ループが継続されてループインデックスの値がカウントアップされていきます。

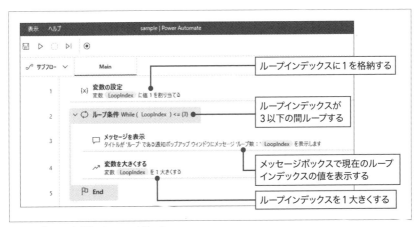

図6.9：[Loop条件]アクションを使ったフロー

> **MEMO** 図6.9のサンプルフローについて
>
> このフローはサンプルフローの［**6.2 ループ条件**.txt］に保存されています。

> **MEMO** 永久ループに気を付けよう
>
> 設定した条件がTrue（真）である限り、永遠に［Loop条件］アクションのブロック
> が実行され続けます。これを「永久ループ」または「無限ループ」と呼びます。永久
> ループにハマらないように気を付けましょう。

6.2.3 関連セクション

［メッセージを表示］アクションは以下のセクションで解説しています。
➡2.1 メッセージボックスを表示するには

［変数の設定］アクションは以下のセクションで解説しています。
➡1.12 変数を理解する

制御フローを使いこなそう

処理を繰り返すには (For each)

リストやデータテーブルのアイテム数分ループ処理を行うときは **[For each] ア
クション**を使用します。実行のたびに行数が変動するExcelデータやCSVデータな
どを操作するときに必要なテクニックです。

6.3.1 [For each] アクションについて学ぼう

[反復処理を行う値] にはループ処理を行うリスト、データテーブルなどの値を入
力します。[保存先] には [反復処理を行う値] で指定されたリストやデータテーブ
ルの現在の値が格納されます（**図6.10**）。

図6.10：[For each]アクションの設定

6.3.2 [CurrentItem] には現在の値が格納される

[For each] アクションを使ったフローの例を基に解説します。リスト型変数
[List1] には「A」「B」「C」という3つのテキストが格納されています（**図6.11
❶**）。[For each] アクションにより、リスト内のアイテムがなくなるまで、1つず
つループ処理が行われます（**図6.11❷**）。変数 [CurrentItem] には現在の値が格
納されます（**図6.11❸**）。

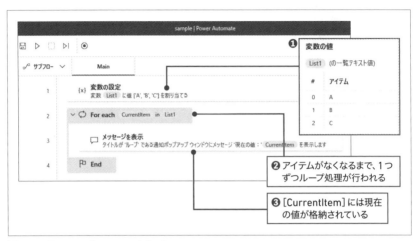

図6.11：[For each] アクションを使ったフロー

> **MEMO** 図6.11のサンプルフローについて
>
> このフローはサンプルフローの［**6.3　Foreach.txt**］に保存されています。

　フローを実行するとメッセージボックスが3回表示されます。リスト［List1］には3つのアイテムがあるからです。メッセージに変数［CurrentItem］の値が表示されるようになっています（図6.12）。

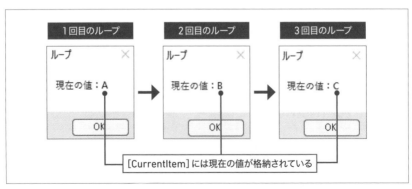

図6.12：メッセージに変数［CurrentItem］の値が表示される

制御フローを使いこなそう

200

6.3.3　関連セクション

　[変数の設定] アクションは以下のセクションで解説しています。リストについて
も解説しています。

　➡1.12　変数を理解する

　[For each] アクションは以下のセクションで使用しています。

　➡8.6　Web サイトに商品マスタの内容を登録する

6.4 条件により処理を分岐させる (If)

本Chapterでは、これまでループ処理について解説してきましたが、本セクションでは**条件分岐**を実装する方法ついて解説します（図6.13）。

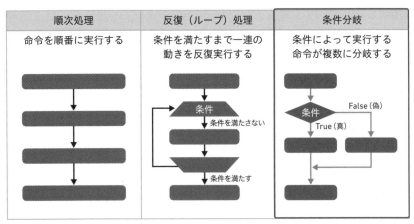

順次処理	反復（ループ）処理	条件分岐
命令を順番に実行する	条件を満たすまで一連の動きを反復実行する	条件によって実行する命令が複数に分岐する

図6.13：条件分岐

条件によって処理を分岐するには **[If] アクション**を使用します。

6.4.1 [If] アクションについて学ぼう

メッセージボックスで［はい］が押されたかどうかを判定して分岐する設定を例に解説します。［最初のオペランド］には［メッセージを表示］アクションで生成された変数［ButtonPressed］を入力しています。［演算子］のドロップダウンリストで［と等しい(=)］を選択しています。［2番目のオペランド］にはメッセージボックスで［はい］が押されたときに変数［ButtonPressed］に格納される「Yes」という文字列を入力しています（**図6.14**）。

制御フローを使いこなそう

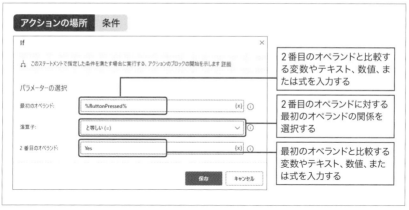

図6.14：[If] アクションの設定

右側の注釈：
- 2番目のオペランドと比較する変数やテキスト、数値、または式を入力する
- 2番目のオペランドに対する最初のオペランドの関係を選択する
- 最初のオペランドと比較する変数やテキスト、数値、または式を入力する

6.4.2 [演算子] の種類は14種類ある

　[演算子] のドロップダウンリストは [と等しい(=)] を含め、14種類あります（図6.15）。[より大きい(>)] などの [最初のオペランド] と [2番目のオペランド] を比較する演算子もありますが、[最初のオペランド] が [空である] [空でない] などの演算子もあります（[空である] と [空でない] を選択した場合、[2番目のオペランド] は非表示となります）。

　これらの**演算子とオペランドを組み合わせることで、様々な条件を作り出すことができます。**

No	演算子
1	と等しい (=)
2	と等しくない (<>)
3	より大きい (>)
4	以上である (>=)
5	より小さい (<)
6	以下である (<=)
7	次を含む

No	演算子
8	次を含まない
9	空である
10	空でない
11	先頭
12	先頭が次ではない
13	末尾
14	末尾が次ではない

[2番目のオペランド] は非表示となる

図6.15：[演算子] の種類

6.4.3 [End] アクションが自動的に追加される

　[If] アクションを設定し保存すると、[If] アクションとともに [End] アクショ
ンも自動的に追加されます（図6.16）。

図6.16：[End] アクションが自動的に追加

6.4.4 [If] アクションを使ったフローの例

　フローの1ステップ目が実行されるとメッセージボックスが表示されます。[は
い] を選択すると [If] アクションと [End] アクションに挟まれたアクションが実
行されます。[いいえ] を選択するとフローが終了します（**図6.17**）。

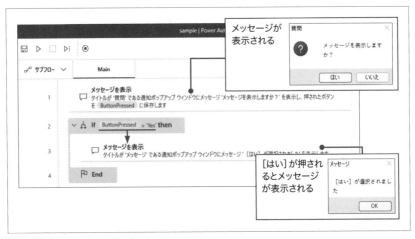

図6.17：[If] アクションを使ったフロー

6.4.5 ［Else］アクションを追加する

　［Else］アクション（［If］アクションと同じくアクションペインの［条件］グループ内に属しています）を追加することで、**［If］アクションで設定した条件を満たさない場合**の処理が記述できます。

　図6.18のフローを実行すると「メッセージを表示しますか？」というメッセージボックスが表示されます。［はい］を選択すると、次に「［はい］が選択されました」、［いいえ］を選択すると、「［いいえ］が選択されました」というメッセージボックスが表示されます。［OK］をクリックするとフローが終了します。

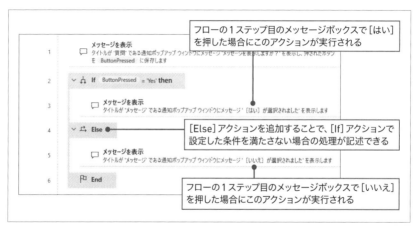

図6.18：［Else］アクションの追加

MEMO 　図6.18のサンプルフローについて

このフローはサンプルフローの［**6.4　If.txt**］に保存されています。

HINT 　さらに多くの分岐条件があるときは［Switch］アクションを使おう

分岐条件が3つ以上ある場合は**［Switch］アクション**を使いましょう。実際には図6.19のフローのように［Switch］アクションと［Case］アクションを組み合わせます。どの条件にも当てはまらない場合の判定には［Default case］アクションを使います。
図6.19のフローを実行すると「メッセ－ジを表示しますか？」というメッセージ

ボックスが表示されます。[はい]を選択すると、次に「[はい]が選択されました」、
[いいえ]を選択すると、「[いいえ]が選択されました」、[キャンセル]を選択する
と、「[はい]と[いいえ]以外が選択されました」というメッセージボックスが表示
されます。[OK]をクリックするとフローが終了します。

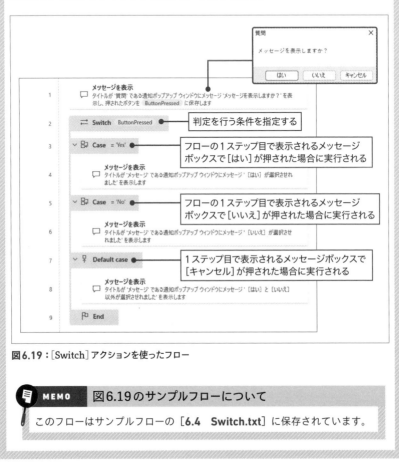

図6.19：[Switch]アクションを使ったフロー

> **MEMO** **図6.19のサンプルフローについて**
>
> このフローはサンプルフローの[**6.4　Switch.txt**]に保存されています。

6.4.6 〈 関連セクション

[メッセージを表示]アクションは以下のセクションで解説しています。

➲2.1　メッセージボックスを表示するには

CHAPTER7

超実践的な テクニックを 身に付ける

本Chapterでは、フローを共有する方法、フローを停止する方法、エラー処理の方法、フローの途中で失敗したときにリトライする方法など超実践的なテクニックについて解説します。

最初からこれらのテクニックをすべて身に付ける必要はありません。1つ上のステップに進みたいときやなにかにつまずいたときにページを開いてみてください。参考になるテクニックがあるかもしれません。

7.1 アクションの実行間隔を空けるには

Power Automate for desktopの動作が速すぎて、操作対象のアプリケーションやWebシステムの動作が追い付かない場合があります（**図7.1**）。

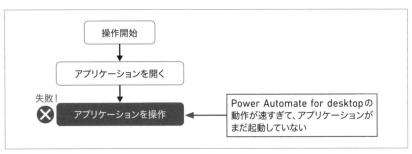

図7.1：動作が追い付かない場合

そのような場合は**［Wait］アクション**を使用してアクションの実行間隔を空けましょう（**図7.2**）。

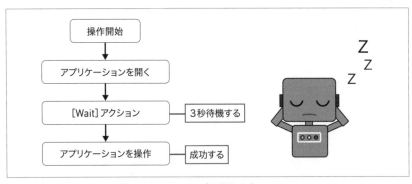

図7.2：［Wait］アクションを使用してアクションの実行間隔を空ける

7.1.1 ［Wait］アクションについて学ぼう

［期間］にアクションの実行間隔を空ける秒数を指定します（**図7.3**）。

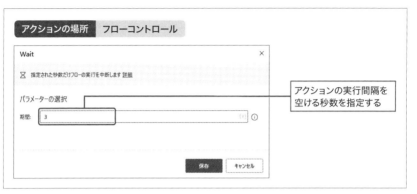

図7.3：［Wait］アクションの設定

7.1.2 関連セクション

［Wait］アクションは以下のセクションで利用しています。

➡9.1　データとマスタを結合して帳票を作成する

フローを停止するには

実行の途中でフローを停止するには **[フローを停止する] アクション**を使用します。正常にフローを終了するか、エラーとして終了するかを選択できます。

7.2.1 エラーとして終了するフローを作成しよう

STEP1 サンプルフローをテキストファイルから貼り付ける

サンプルデータの [Flow] フォルダー内の「**7.2 フローを停止するには.txt**」をフローデザイナーのワークスペースに貼り付けてください（**図7.4**）。

図7.4：フローを貼り付ける

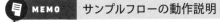

MEMO サンプルフローの動作説明

サンプルフローを実行すると、「フローを実行しますか」と尋ねるメッセージボックスが表示されるので（図7.5）、[OK] または [キャンセル] 選択してください。

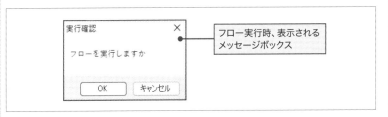

図7.5：メッセージボックスの表示

[OK] をクリックすると、何も起こらずフローは終了します。[キャンセル] をクリックすると [If] アクションのブロックと [End] アクションに挟まれたアクションが実行されます。

STEP2 [フローを停止する] アクションを追加する（図7.6）

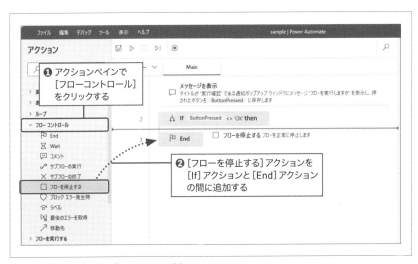

図7.6：[フローを停止する] アクションの追加

STEP3 ［フローを停止する］アクションを設定する（図7.7）

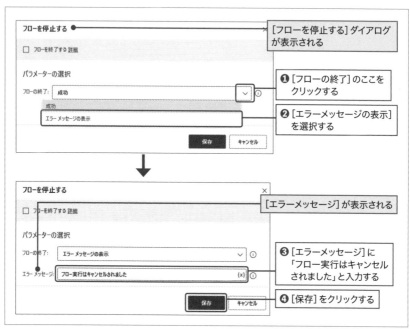

図7.7：［フローを停止する］アクションの設定

7.2.2 フローを実行しよう

フローを実行してください。メッセージボックスが表示されるので、［キャンセル］をクリックしてください。フローが終了して、エラーが発生します（**図7.8**）。

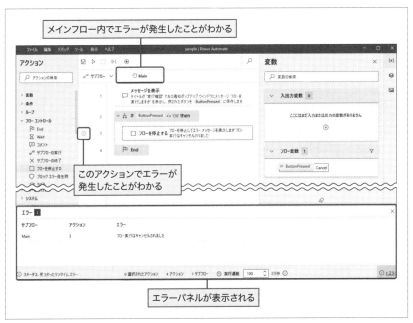

図7.8：フローの実行結果

7.2.3 関連セクション

［フローを停止する］アクションは以下のセクションで使用しています。このアクションの実践的な使い方がわかります。

- ➡ 7.6 失敗する可能性のある処理をリトライ実行するには
- ➡ 8.3 これから作成するフローの全体図を把握する

7.3 フローの実行を 途中で中断するには

デバッグモードで実行しているときに、フローを途中で止めることで、フローが動作している途中の変数の値を確認したり、止めたアクションから1ステップずつ実行したりすることができます。

フローの実行を途中で中断するには**ブレークポイントを設定**します。

7.3.1 ブレークポイントの設定方法

図**7.9**のフローを使ってブレークポイントの解説をします。図**7.9**のフローを実行すると「フローを実行しますか？」というメッセージボックスが表示されます。[はい]を選択すると、次に「フローが実行されました」というメッセージボックスが表示されます。[OK]をクリックするとフローが終了します。最初に表示されるメッセージボックスで[いいえ]を選択すると、フローは正常に停止します。

フローの2ステップ目の[If]アクションにブレークポイントを設定してみましょう。

図7.9：ブレークポイントの設定

MEMO 図7.9のサンプルフローについて

このフローはサンプルフローの［**7.3　フローの実行を途中で中断するには.txt**］に保存されています。

7.3.2 フローを実行するとブレークポイントを設定したステップで中断される

　ブレークポイントを設定したフローを実行すると、ブレークポイントを設定したステップでフローが中断されます。フローを中断したときのデスクトップを確認して、**操作対象のアプリケーションやWebブラウザーが想定通りの状態になっているか**を確認できます。

　また、**中断した状態の変数の値が確認できる**ので、フローが最後まで実行されてしまうと値が変化してしまう変数の値を確認したいときにも活用できます。

　図7.9のフローを実行してください。メッセージボックスが表示されるので［OK］をクリックするとブレークポイントを設定したステップで中断されます（**図7.10**）。

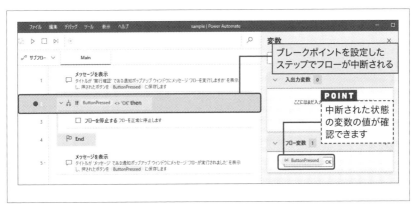

図7.10：ブレークポイントを設定したステップでフローが中断される

HINT ［ここから実行］と組み合わせることもできる

　アクションを右クリックすると表示されるメニューの中に［**ここから実行**］があります。［**ここから実行**］を選択すると、アクションを途中から実行できるので、ブレークポイントと組み合わせると、フローの一部だけを実行してデバッグすることができます。

💡 **HINT** ブレークポイントは保存される

フローを保存すると、設定したブレークポイントの情報も一緒に保存されます。

7.3.3 中断した状態からの操作は3つある

途中で止めたアクションから1ステップずつ実行したり、残りのフローを続けて実行したりすることができます（図7.11）。

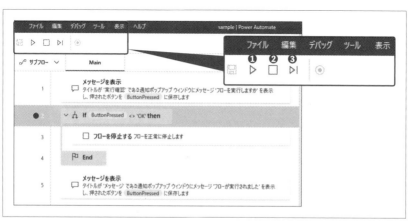

図7.11：中断した状態からの操作

❶ 実行：フローの続きが実行されます。

❷ 停止：フローが停止されます。

❸ 次のステップの実行：次のステップのアクションが実行されます。1ステップずつ動作を確認したいときは、このボタンを使います。

7.3.4 関連セクション

［メッセージを表示］アクションは以下のセクションで解説しています。
➡2.1　メッセージボックスを表示するには

［フローを停止する］アクションは以下のセクションで解説しています。
➡7.2　フローを停止するには

7.4 サブフローを活用しよう

サブフローを使うと複数のアクションの組み合わせを1つのグループとして管理できます。Mainタブに記述されているメインフローもサブフローの一種です（図7.12）。

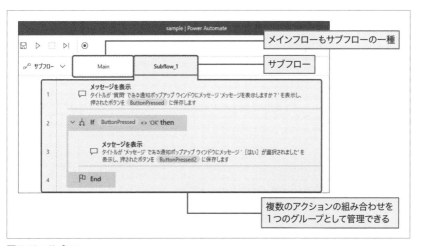

図7.12：サブフロー

1つのフロー内で複数回利用する一連のアクションをサブフローとしてまとめることで、**効率的にフローが作成できる**というメリットがあります。サブフローだけをテキストファイルに保存して、他のユーザーと共有する、という使い方も考えられます。また、サブフローを有効に利用してフローを整理することで、**フローの読みやすさを向上させる**こともできます。

7.4.1 サブフローを作成しよう

　サブフローの作成方法と、サブフローを呼び出して実行する方法を理解するためのフローを作成しましょう。

STEP1 サブフローを追加する（図7.13）

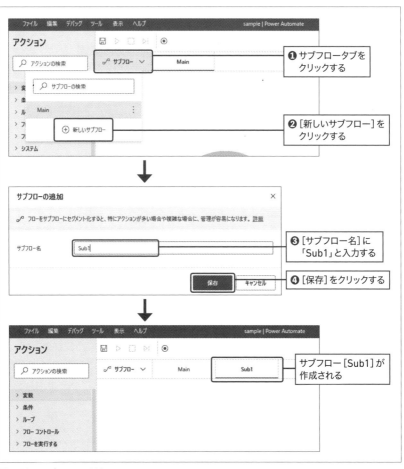

図7.13：サブフローの追加

STEP2 サブフロー［Sub1］に［メッセージを表示］アクションを追加する（図 7.14）

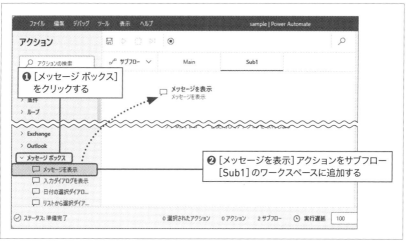

図7.14：［メッセージを表示］アクションの追加

STEP3 ［メッセージを表示］アクションを設定する（図7.15）

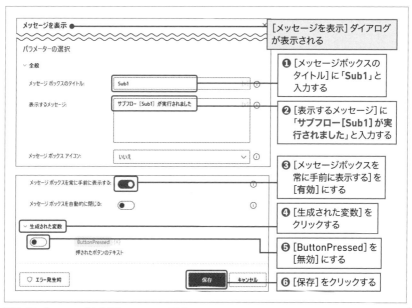

図7.15：［メッセージを表示］アクションの設定

219

7.4.2 サブフローを実行するメインフローを作成しよう

メインフローにサブフローを実行するアクションを追加します。

STEP1 メインフローを開く（図7.16）

図7.16：メインフロー

STEP2 ［サブフローの実行］アクションを追加する（図7.17）

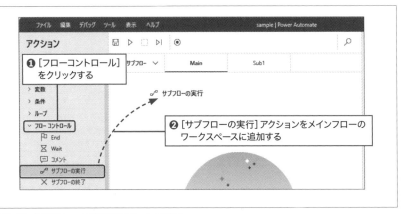

図7.17：［サブフローの実行］アクションの追加

STEP3 ［サブフローの実行］アクションを設定する（図7.18）

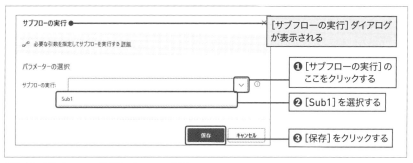

図7.18：［サブフローの実行］アクションの設定

7.4.3 フローを実行しよう

　フローを実行してください。図7.19のようにメッセージボックスが表示された
ら、メインフローの中の［サブフローの実行］アクションが実行され、サブフロー
［Sub1］の中の［メッセージを表示］アクションが実行された、ということなので
成功です。

図7.19：フローの実行

HINT サブフローはコピーすることができる

サブフローごとコピーすることができます。次の手順で行ってください。

STEP1 サブフローをコピーする（図7.20）

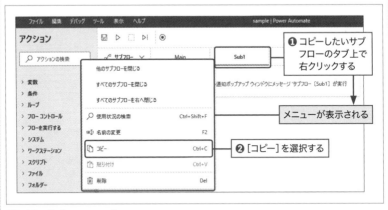

図7.20：サブフローのコピー

STEP2 サブフローを貼り付ける（図7.21）

図7.21：サブフローの貼り付け

サブフロー［Sub1_copy］というサブフローが作成されます。メインフローもサブフローの一種なので、同じようにコピーすることができます。

超実践的なテクニックを身に付ける

関連セクション

サブフローは以下のセクションで利用しています。

➡7.5　エラー処理を行うには

➡7.6　失敗する可能性のある処理をリトライ実行するには

フローをテキストファイルで共有する方法は以下のセクションで解説しています。

➡1.9　初めてのフローを作成する

7.5 エラー処理を行うには

Power Automate for desktopに限らず、RPAにより業務を自動化するときは、**エラーが発生することを前提としなければなりません。**

RPAが操作するアプリケーション側が変更される（図7.22❶）、使用するファイルが削除されて存在しなくなる（図7.22❷）など、**RPA側からはコントロールできない原因でエラーが発生する可能性**があるからです。

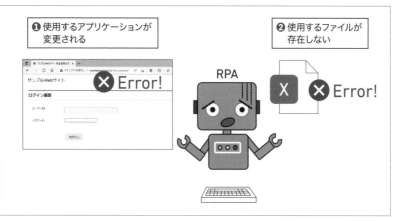

図7.22：エラーが発生する要素

7.5.1 各アクションにはエラー発生時の設定がある

各アクションにはエラー発生時の設定があります（エラー発生時の設定がないアクションもあります）。この［エラー発生時］の使い方は、「**7.5.4 フローを作成しよう**」の STEP5 で解説します（図7.23）。

エラーが発生する可能性の
あるアクションには[エラー
発生時]の設定がある

ATTENTION
[エラー発生時]の設定が
ないアクションもあります
（例：[If]アクション）

図7.23：[エラー発生時]の設定

本セクションで実現する自動化の流れを把握しよう

　フロー作成の前にフローの動作を**図7.24**で解説します。これから作成するのは、
[メッセージテキスト.txt]というテキストファイルを読み込んで、その内容をメッ
セージボックスに表示するフローです。しかし、[メッセージテキスト.txt]は実際
には存在しないので（**図7.24❶**）、エラーが発生します。エラーが発生するとサブ
フロー［Catch］が呼び出され（**図7.24❷**）、エラーメッセージが表示されます。

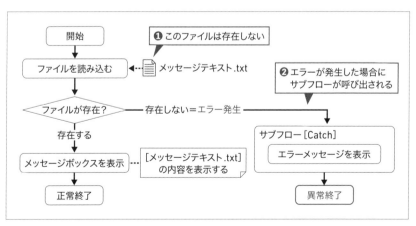

図7.24：フローの動作

7.5.3 〈 フローを準備しよう

STEP1 新規フロー［エラー処理］を作成する

P.029の「**1.8 新しいフローを作成する**」を参照して、新規フローを作成してください。新規フローの名前は「**エラー処理**」としてください（**図7.25**）。

図7.25：新しいフローの作成

STEP2 フローをテキストファイルから貼り付ける

サンプルデータの［Flow］フォルダー内の「**7.5 エラー処理.txt**」をフローデザイナーのワークスペースに貼り付けてください。メインフローにアクションが復元されます（**図7.26**）。

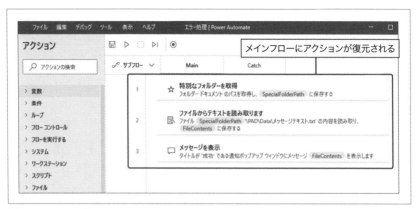

図7.26：フローの復元

超実践的なテクニックを身に付ける

7.5.4 フローを作成しよう

STEP1 サブフロー［Catch］を追加する

サブフロー［Catch］を追加してください。サブフローの追加方法については**「7.4 サブフローを活用しよう」**で詳しく解説しています（図7.27）。

図7.27： サブフロー［Catch］の追加

STEP2 サブフロー［Catch］に［メッセージを表示］アクションを追加する（図7.28）

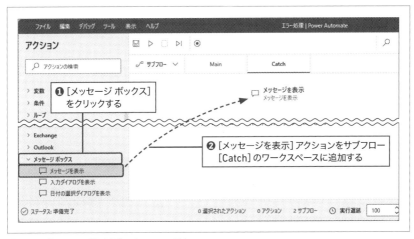

図7.28： ［メッセージを表示］アクションの追加

STEP3 ［メッセージを表示］アクションを設定する（図7.29）

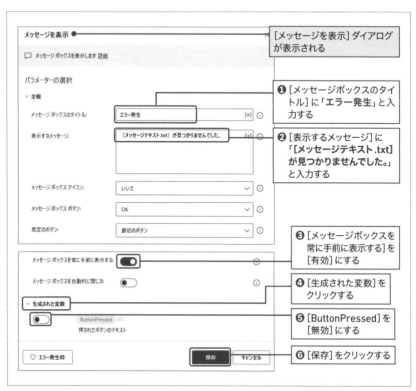

図7.29：［メッセージを表示］アクションの設定

サブフロー［Catch］の作成はこれで終了です。次にメインフローを変更します。

STEP4 メインフローを開く（図7.30）

図7.30：メインフロー

STEP5 [ファイルからテキストを読み取ります] アクションを変更する (図7.31)

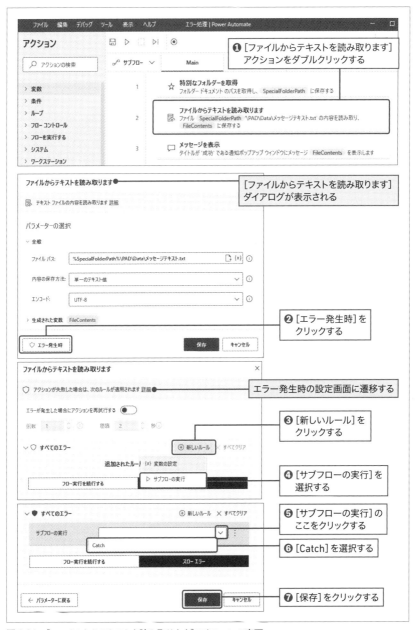

図7.31：[ファイルからテキストを読み取ります] アクションの変更

これでメインフローの変更は完了です（図7.32）。

図7.32：メインフローの完成

7.5.5 フローを実行しよう

フローを実行してください。［メッセージテキスト.txt］が見つからないので、
［ファイルからテキストを読み取ります］アクションでエラーが発生し、サブフロー
［Catch］が実行され、エラーメッセージが表示されます（図7.33）。

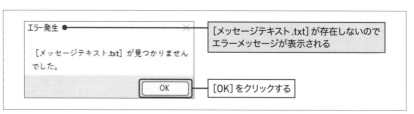

図7.33：エラーメッセージの表示

フローが終了します。エラーが発生したサブフロー（ここでは［Main］。［Main］
もサブフローの一つ）に 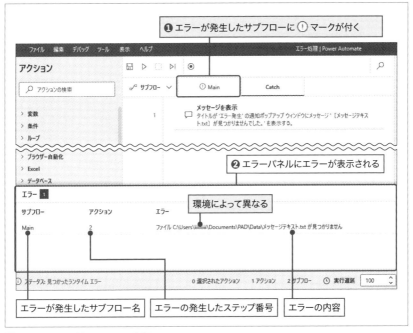 マークが付き（**図7.34❶**）、エラーパネルにエラーが
表示されます（**図7.34❷**）。

図7.34：エラーパネルのエラー内容

7.5.6　関連セクション

［特別なフォルダーを取得］アクションについては以下のセクションで解説して
います。

　➡2.6　特別なフォルダーを取得するには

サブフローについての解説とサブフローの追加方法は以下のセクションで解説し
ています。

　➡7.4　サブフローを活用しよう

7.6 失敗する可能性のある処理をリトライ実行するには

失敗する可能性がある処理はエラーで終了してしまわずに、リトライ（再度実行）することで成功させることができるようになると自動化の幅が広がります（図7.35）。

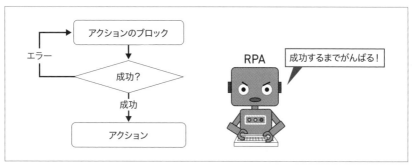

図7.35：リトライ

リトライ実行は［ブロックエラー発生時］アクションとサブフローをうまく駆使すると実現可能です。

7.6.1 フロー［Webサイトログイン］をコピーしよう

「**4.7 レコーダーを使って記録するには**」で作成したフロー［**Webサイトログイン**］を、ログインエラーが発生しても自動的に再度ログインを試みるように改修します。

> **HINT** フロー［Webサイトログイン］を作成していない場合は
>
> 「**4.7 レコーダーを使って記録するには**」で解説している手順通りにフローを作成してもいいですが、サンプルフローから復元する方法について解説します。
>
> 新規フロー［Webサイトログインリトライ］を作成して、メインフローのワークスペースにサンプルデータの［Flow］フォルダー内の「**4.7 Webサイトログイン.txt**」を貼り付けてください。
>
> 復元したフローはこのままでは動作しません。3ステップ目の［Webページ内のテキストフィールドに入力する］アクションのダイアログを開き、［テキスト］に「password」と入力し、［保存］をクリックしてください。
>
> 「**7.6.1 フロー［Webサイトログイン］をコピーしよう**」の手順は飛ばして、「**7.6.2 メインフローに［変数の設定］アクションを追加しよう**」から実施してください。

超実践的なテクニックを身に付ける

STEP1 コンソールを操作する（図7.36）

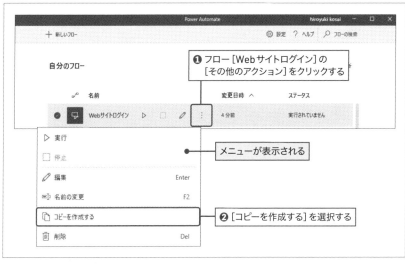

図7.36：コンソールの操作

STEP2 ［コピーを作成する］ダイアログを操作する（図7.37）

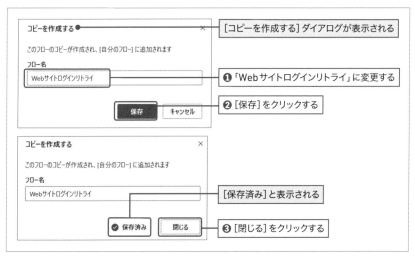

図7.37：［コピーを作成する］ダイアログの操作

STEP3 フロー［Webサイトログインリトライ］を編集する（図7.38）

図7.38：フロー［Webサイトログインリトライ］の編集

7.6.2 メインフローに［変数の設定］アクションを追加しよう

フロー［Webサイトログインリトライ］をフローデザイナーで開くと、現在のメインフローは図7.39のようになっています。ここにアクションを追加していきます。

図7.39：フロー［Webサイトログインリトライ］のメインフロー

［変数の設定］アクションを追加する（図7.40）

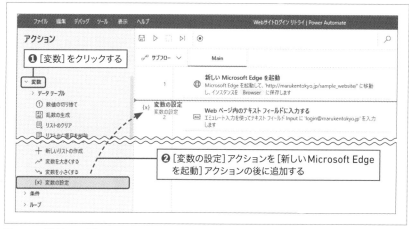

図7.40：［変数の設定］アクションの追加

STEP2 ［変数の設定］アクションを設定する（図7.41）

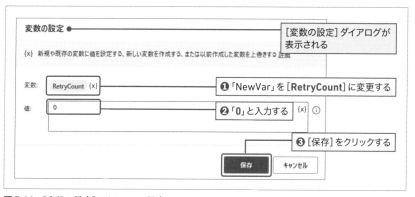

図7.41：［変数の設定］アクションの設定

　メインフローの変更はいったん完了です。後でもう一度変更しますが、その前に
サブフローを新たに追加してフローを作成します。

7.6.3 サブフローを追加しよう

リトライする回数に制限を設けないと、永遠にリトライし続ける可能性があります。
3回連続でログインに失敗したら、エラーとしてフローを終了するようにします。

STEP1 サブフロー［Login_Catch］を追加する

「**7.4.1 サブフローを作成しよう**」を参考にして、サブフロー［Login_Catch］
を追加してください（**図7.42**）。

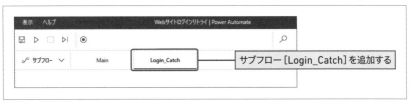

図7.42：サブフロー［Login_Catch］の追加

STEP2 ［If］アクションを追加する（**図7.43**）

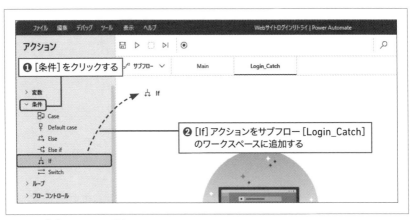

図7.43：［If］アクションの追加

STEP3 [If] アクションを設定する（図7.44）

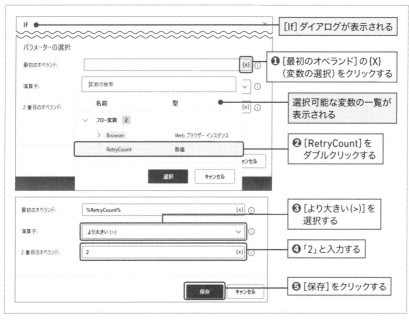

図7.44：[If] アクションの設定

STEP4 [フローを停止する] アクションを追加する（図7.45）

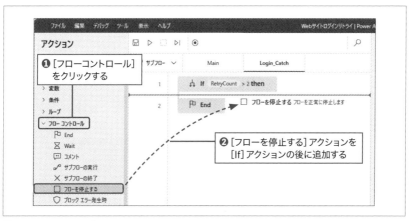

図7.45：[フローを停止する]アクションの追加

STEP5 ［フローを停止する］アクションを設定する（図7.46）

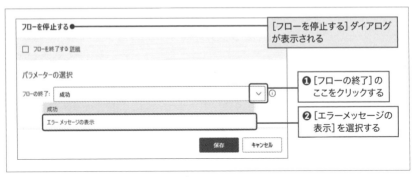

図7.46：［フローを停止する］アクションの設定

　［エラーメッセージ］が入力できるようになるので、エラーメッセージを入力して保存してください（**図7.47**）。

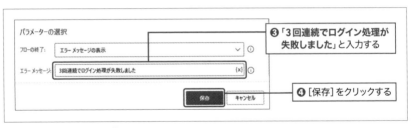

図7.47：［エラーメッセージ］の入力

　サブフロー［Login_Catch］が完成しました（**図7.48**）。メインフローの変更に戻ります。

図7.48：サブフロー［Login_Catch］の完成

7.6.4 メインフローに［ブロックエラー発生時］アクションを追加しよう

STEP1 ［ブロックエラー発生時］アクションを追加する（図7.49）

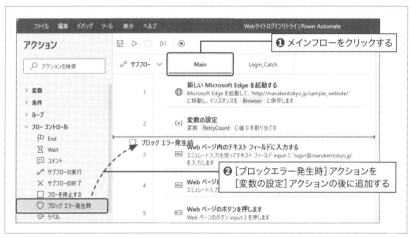

図7.49：［ブロックエラー発生時］アクションの追加

STEP2 ［ブロックエラー発生時］アクションを設定する（図7.50）

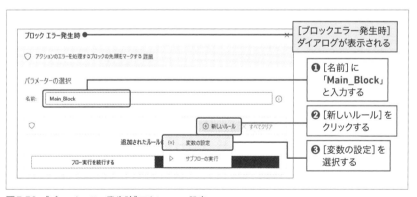

図7.50：［ブロックエラー発生時］アクションの設定

変数の設定が行えるようになるので、[変数] に [RetryCount] を選択してください（図7.51）。

図7.51：[変数] に [RetryCount] を設定

[宛先] の設定を行ってください（図7.52）。

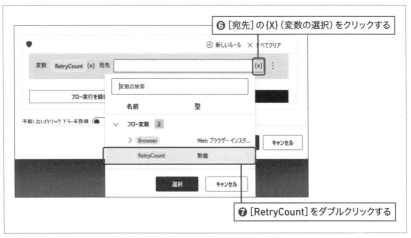

図7.52：[宛先] に変数 [RetryCount] を設定

[宛先] に「%RetryCount%」と入力されるので、「**%RetryCount + 1%**」に変更してください（図7.53）。エラーが発生したら変数 [RetryCount] を1つカウントアップすることになります。

超実践的なテクニックを身に付ける

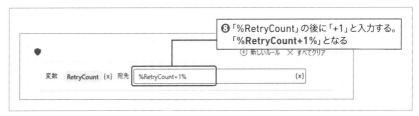

図7.53：「%RetryCount＋1%」に変更

　もう1つ［新しいルール］を追加します。今度は［サブフローの実行］を選択してください（**図7.54**）。

図7.54：［サブフローの実行］を選択

　［サブフローの実行］が設定できるようになります。先ほど作成したサブフロー［Login_Catch］を選択してください（**図7.55**）。

図7.55：［サブフローの実行］の設定

［フロー実行を続行する］を選択します。［例外処理モード］には［ブロックの先頭に移動する］を指定して保存してください（図7.56）。

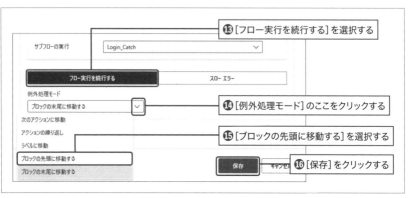

図7.56：［フロー実行を続行する］を選択

STEP3 ［End］アクションをドラッグ＆ドロップで移動する（図7.57）

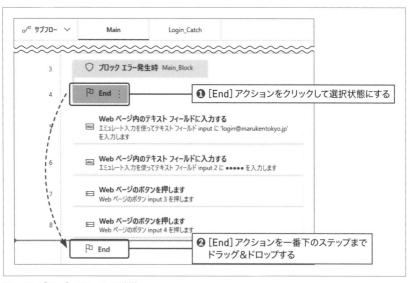

図7.57：［End］アクションの移動

これでメインフローが完成しました（図7.58）。

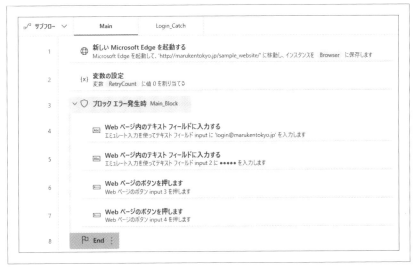

図7.58：メインフローの完成

> **MEMO**　サンプルフローについて
>
> このフローはサンプルフローの［**7.6　Webサイトログインリトライ（Main）.txt**］
> と［**7.6　Webサイトログインリトライ（Login_Catch）.txt**］に保存されています。
> サンプルフローを実行する前に、メインフローの5ステップ目の［Webページ内のテ
> キストフィールドに入力する］アクションのダイアログを開き、［テキスト］に
> 「password」と入力し、［保存］をクリックしてください。

7.6.5　実行する

　フローを実行してください。フローを実行したときに行われる操作は、P.160の
「4.7.1　本セクションで作成するフローの動作を把握しよう」 で解説していますの
で、そちらを参照してください。

　ログインに失敗した場合は、ログイン操作が2回リトライされます（最初の1回
を含めると、合計3回ログイン操作が行われます）。3回のログイン操作のうち、1
回でも成功すると次のステップに進みます。しかし、3回連続でログインに失敗す

るとエラーが発生して終了します（図7.59）。

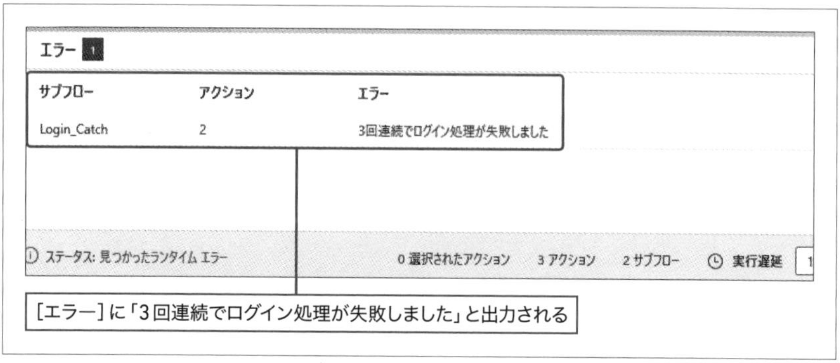

サブフロー	アクション	エラー
Login_Catch	2	3回連続でログイン処理が失敗しました

[エラー] に「3回連続でログイン処理が失敗しました」と出力される

図7.59：エラーパネルのエラー内容

> **MEMO　ログインに1回で成功してしまったときは**
>
> フローを実行して1回で成功してしまった（成功したので本当は喜ばしいことですが）場合は、リトライの動作を確認することができないので、サンプルWebサイトを閉じて、再度フローを実行してください。
> ［ユーザーID］または［パスワード］にテキストが入力されている途中で、キーボードの適当な文字を押して、わざとログインに失敗させる、という手段を使ってもいいです。

7.6.6　関連セクション

本セクションではフロー［**Webサイトログイン**］を変更しています。このフローは以下のセクションで作成しています。

➡4.7　レコーダーを使って記録するには

サブフローの追加方法は以下のセクションで解説しています。

➡7.4　サブフローを活用しよう

フロー［Webサイトログインリトライ］は、以下のセクションで再利用します。

➡8.4　Webサイトにログインしてメニューを操作する

CHAPTER8

ExcelとWebサイトを操作する本格的なフローに挑戦しよう

これまでのChapterで**40**個を超えるアクションや実践的なテクニックについて解説してきました。これらのテクニックを組み合わせて、実践的な業務自動化に使えるフローを構築します。

いきなり作成を始めるのではなく、業務をイメージし、簡単な設計を行うことから始めて、少しずつ作成していきます。本Chapterの内容を実践していくと、1本のフローが完成し、フローの作成方法が基礎からしっかり身に付いていくように構成しています。

8.1 業務をイメージしよう

本Chapterで作成するフローは、**商品情報を販売管理システムに登録するという業務**をイメージしています。

Excelドキュメントの商品マスタと販売管理システムを開き、商品マスタに記述してある商品情報を販売管理システムに1件ずつ登録する業務です（図8.1）。

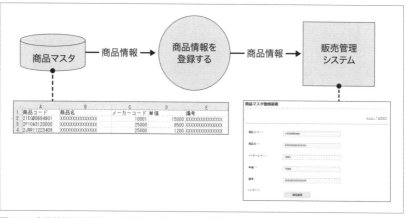

図8.1：商品情報を販売管理システムに登録するという業務

> **MEMO**　販売管理システムはどこにある？
>
> 販売管理システムの代わりに「**Chapter4　超高速化！Webサイトを使った業務の時短テクニック7選**」で何度も登場している**サンプルWebサイト**を使用します。データを登録しても本当に登録されるわけではないので、何度もテストすることができます。

Excelとwebサイトを操作する本格的なフローに挑戦しよう

これから作るフローを簡単に設計しよう

　フローを作成する前に簡単に「設計」を行ってみましょう。設計を行う習慣を身に付けることは、**質の高いフローを効率的に作成する上で非常に重要**です。

8.2.1 業務シナリオを作成する

　これから行う業務のシナリオを箇条書きで書き出します。筆者は「業務シナリオ」と呼んでいます。難しい技術は必要ないので、エンジニアでなくても作成できます（図8.2）。

ステップ	アクション
1	サンプルWebサイトにログインする
2	商品マスタ登録画面を開く
3	［商品マスタ.xlsx］を開く
4	［商品マスタ.xlsx］の商品情報を1件取得してサンプルWebサイトに貼り付ける
5	登録ボタンを押して登録を確定する
6	ブラウザーを閉じる

登録する商品情報がなくなるまで繰り返す

図8.2：業務のシナリオを箇条書きで書き出す

8.2.2 RPAシナリオを作成する

Power Automate for desktopでフローを作成することをイメージしたシナリオを描いてみます。筆者はこれを「RPAシナリオ」と呼んでいます（**図8.3**）。

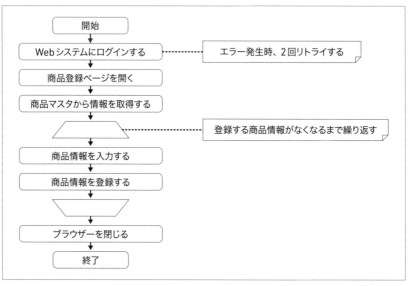

図8.3：RPAシナリオ

さらに詳細に設計することもできますが、ここから先は実際にPower Automate for desktopでフローを作成することにしましょう。

8.3 これから作成するフローの全体図を把握する

　これから作成するフローの全体図を把握してください。ここでは完全に理解する必要はなく、サクッと眺めるだけで構いません。

　複雑で難しいフローに感じられるかもしれませんが、1段階ずつ確実に完成させられるようにセクションを分けて解説していきますので、安心してください。

8.3.1　Webシステムにログインするフロー

　Webシステムにログインするフローです（図8.4）。「**8.4　Webサイトにログインしてメニューを操作する**」で解説します。

図8.4：Webシステムにログインするフロー

Excelと Webサイトを操作する本格的なフローに挑戦しよう

8.3.2 商品マスタから情報を取得するフロー

商品マスタから情報を取得するフローです（図8.5）。「**8.5　Excelの商品マスタを取得する**」で解説します。フローの10ステップ目の［特別なフォルダーを取得］アクションについては「**8.7　違う環境でも動作するように修正する**」で解説しています。

図8.5：商品マスタから情報を取得するフロー

8.3.3 商品情報を登録して、ブラウザーを閉じるフロー

商品情報を登録して、ブラウザーを閉じるフローです（図8.6）。「**8.6　Webサイトに商品マスタの内容を登録する**」で解説します。

図8.6：商品情報を登録して、ブラウザーを閉じるフロー

8.3.4 〈 サブフロー [Login_Catch]

サブフローもあります（図8.7）。こちらは「**7.6　失敗する可能性のある処理を
リトライ実行するには**」で解説しています。

図8.7：サブフロー

> **MEMO　サンプルフローについて**
>
> このフローはサンプルフローの［**8 商品マスタ登録（Main）.txt**］と［**8 商品マスタ
> 登録（Login_Catch）.txt**］に保存されています。サンプルフローの使い方は「**8.7
> 違う環境でも動作するように修正する**」の最後で解説しています。サンプルフローを
> 使わずに最初からフローを作成する場合は、次のセクションからフロー作成の方法を
> 解説しているので、お読みください。

Webサイトにログインして
メニューを操作する

8.4.1 フロー[Webサイトログインリトライ]をコピーする

　ここからは、フローを実際に作成していきます。最初に「**7.6　失敗する可能性のある処理をリトライ実行するには**」で作成したフロー［**Webサイトログインリトライ**］をコピーします。

　フローの名前は「**商品マスタ登録**」としてください。フローのコピー方法については「**7.6　失敗する可能性のある処理をリトライ実行するには**」で詳しく解説しています。

　フローのコピーが完了したら、フロー［商品マスタ登録］を編集します（**図8.8**）。

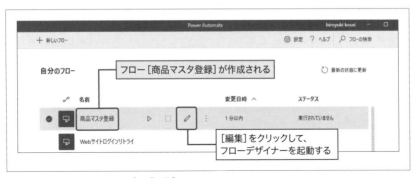

図8.8：フロー［商品マスタ登録］の［編集］をクリック

HINT　　フロー［Webサイトログインリトライ］を作成していない場合は

「**7.6　失敗する可能性のある処理をリトライ実行するには**」で解説している手順通りにフローを作成してもいいですが、サンプルフローから復元する方法について解説します。新規フロー［商品マスタ登録］を作成して、メインフローのワークスペースに、サンプルフロー［**7.6　Webサイトログインリトライ（Main）.txt**］を貼り付けてください。**貼り付けると2つエラーが表示**されます。5ステップ目の**［Webページ内のテキストフィールドに入力する］アクション**のダイアログを開き、［テキスト］に「**password**」と入力し、［保存］をクリックしてください。エラーが残りますが無視してください。新規サブフロー［Login_Catch］を追加して、［**7.6　Webサイトログインリトライ（Login_Catch）.txt**］を貼り付けてください。完成したらフローを保存してください。

8.4.2 フローを実行しよう

フローを実行してください（図8.9）。サンプルWebサイトのメニュー画面が表示された状態でフローが終了します。

図8.9：フローの実行

8.4.3 ［商品マスタ登録］をクリックするアクションを追加する

STEP1 ［Webページのボタンを押します］アクションを追加する（図8.10）

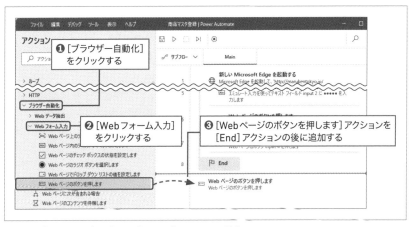

図8.10：［Webページのボタンを押します］アクションの追加

STEP2 ［Webページのボタンを押します］アクションを設定する（図8.11）

［Webページのボタンを押します］ダイアログが表示されるので、サンプルWebサイトの［商品マスタ登録］を［UI要素］に指定してください。詳しい設定方法は「**4.4　Webページのボタンをクリックするには**」を参照してください。

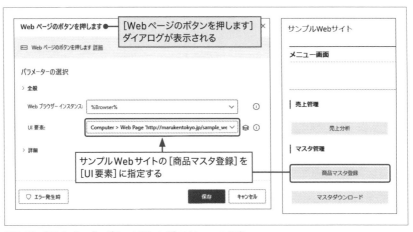

図8.11：［Webページのボタンを押します］アクションの設定

8.4.4 ここまでのフローを実行しよう

　フロー作成時に使用したサンプルWebサイトは閉じてから、フローを実行してください。ログインして［読みました］をクリックするまでの動作は「**7.6　失敗する可能性のある処理をリトライ実行するには**」で解説していますので、そちらを参照してください。最終的に商品マスタ登録画面が表示されたら成功です（図8.12）。

　この画面を開いたままにしておいてください。「**8.6　Webサイトに商品マスタの内容を登録する**」で使用します。

Excelとwebサイトを操作する本格的なフローに挑戦しよう

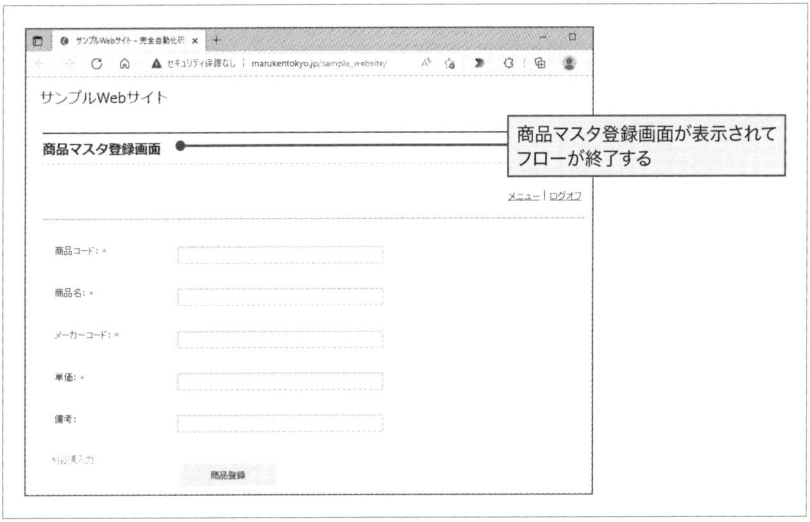

図8.12：フローの実行結果

8.4.5 関連セクション

フロー［**Webサイトログインリトライ**］を変更しています。このフローは以下のセクションで作成しています。

➡7.6　失敗する可能性のある処理をリトライ実行するには

フロー［**Webサイトログインリトライ**］はフロー［**Webサイトログイン**］を変更して作成しています。このフローは以下のセクションで作成しています。

➡4.7　レコーダーを使って記録するには

Excelの商品マスタを取得する

「**8.4　Webサイトにログインしてメニューを操作する**」で作成したフローの続きから作成していきます。[**商品マスタ.xlsx**]**の内容を読み取ってデータテーブルに格納するフロー**を作成します。

8.5.1　[商品マスタ.xlsx]が存在することを確認する

サンプルデータがP.viiの「**サンプルデータの配置方法**」の通りに設定できていれば、[Data]フォルダーに[商品マスタ.xlsx]が存在します（**図8.13**）。

図8.13：[商品マスタ.xlsx]の確認

8.5.2 フローを作成する

STEP1 [Excelの起動] アクションを追加する（図8.14）

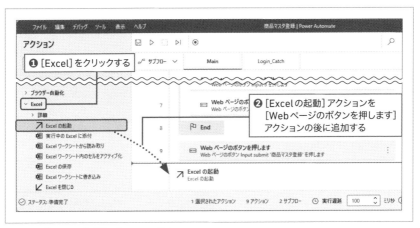

図8.14：[Excelの起動] アクションの追加

STEP2 [Excelの起動] アクションの設定を行う（図8.15）

[Data] フォルダー内の [商品マスタ.xlsx] を起動する設定を行ってください。詳細な設定手順はP.085の**「3.2 既存のExcelドキュメントを開くには」**を参照してください。

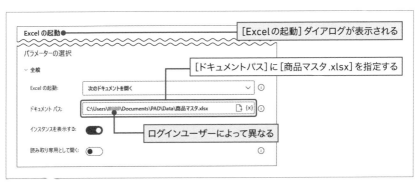

図8.15：[Excelの起動] アクションの設定

STEP3 [Excel ワークシートから読み取り] アクションを追加する（図8.16）

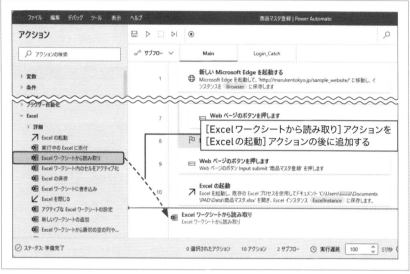

図8.16：[Excel ワークシートから読み取り]アクションの追加

STEP4 [Excel ワークシートから読み取り] アクションを設定する（図8.17）

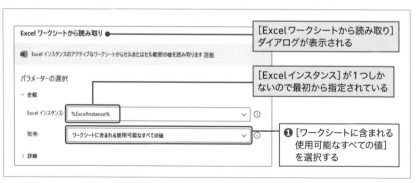

図8.17：[Excel ワークシートから読み取り]アクションの設定

[商品マスタ.xlsx] の最初の行には列名が入っているので、[範囲の最初の行に列名が含まれています] を [有効] にします（**図8.18**）。

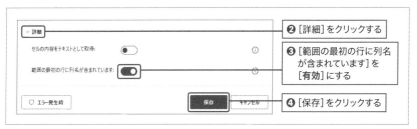

❷ [詳細] をクリックする

❸ [範囲の最初の行に列名が含まれています] を [有効] にする

❹ [保存] をクリックする

図8.18：[Excel ワークシートから読み取り] アクションの設定

STEP5 [Excel を閉じる] アクションを追加する（図8.19）

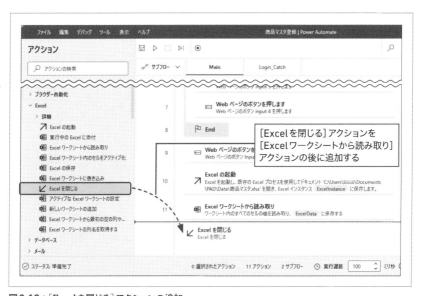

[Excel を閉じる] アクションを [Excel ワークシートから読み取り] アクションの後に追加する

図8.19：[Excel を閉じる] アクションの追加

STEP6 [Excel を閉じる] アクションを設定する

　Excel ドキュメントを保存せずに閉じる設定を行います。P.090 の「**3.3.2 [Excel を閉じる前] には3つの選択肢がある**」を参照してください。

8.5.3 本セクションで作成したフローを確認する

図8.20と同じフローが作成できたか確認してください。このフローは「**8.7　違う環境でも動作するように修正する**」で修正します。

図8.20：本セクションで作成したフローの確認

8.5.4 関連セクション

［Excelの起動］アクションの設定については以下のセクションで解説しています。

➡ 3.2　既存のExcelドキュメントを開くには

［Excelワークシートから読み取り］アクションの設定については以下のセクションで解説しています。

➡ 3.8　Excelワークシートからデータを読み取るには

［Excelを閉じる］アクションの設定については以下のセクションで解説しています。

➡ 3.3　Excelドキュメントを閉じるには

Webサイトに商品マスタの内容を登録する

8.6

本セクションでは、サンプルWebサイトの商品マスタ登録画面に［商品マスタ.xlsx］のデータを入力して、商品登録を行うフローを解説します。

8.6.1 Webサイトに商品マスタの内容を登録するフローの動作

本セクションで作成するフローを実行したときの動作を解説します。

［商品マスタ.xlsx］のデータがサンプルWebサイトの商品マスタ登録画面に入力され（**図8.21❶**）、［商品登録］がクリックされます（**図8.21❷**）。登録完了画面に遷移し（**図8.21❸**）、［商品登録に戻る］がクリックされます（**図8.21❹**）。**図8.21**❶～**図8.21❹**の操作が［商品マスタ.xlsx］のデータの件数（3件）分、繰り返されます。すべての商品登録が完了したら、Webブラウザーを閉じて終了します。

図8.21：Webサイトに商品マスタの内容を登録するフローの動作

8.6.2 　フローを作成する

　フローを作成しましょう。多くのアクションを設定することになるので、がんばって作成しましょう！

STEP1 [For each] アクションを追加する（図8.22）

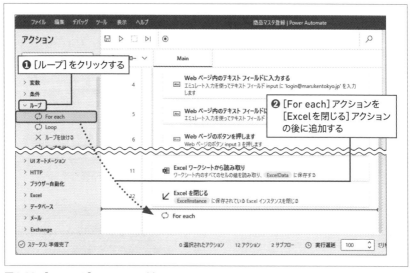

図8.22：[For each]アクションの追加

STEP2 [For each] アクションを設定する（図8.23）

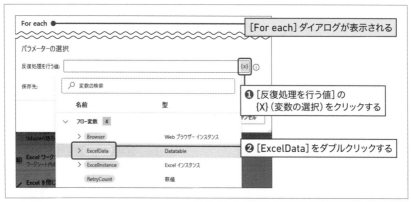

図8.23：[For each]アクションの設定

［反復処理を行う値］に「%ExcelData%」が指定されたので、保存してください（図8.24）。

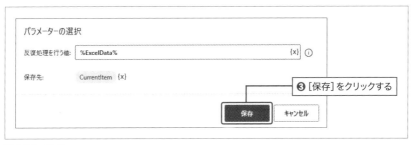

図8.24：保存

［For each］アクションのブロックが、データテーブル［ExcelData］の件数分ループすることになります（図8.25）。

図8.25：データテーブル［ExcelData］の内容

STEP3 [Loop] アクションを追加する（図8.26）

データテーブル［ExcelData］の件数分ループするブロックの中に、データテーブル［ExcelData］の列数分ループする［Loop］アクションを入れてください。

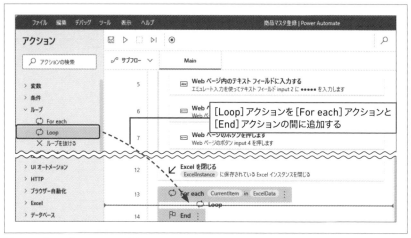

図8.26：［Loop］アクションの追加

STEP4 [Loop] アクションを設定する（図8.27）

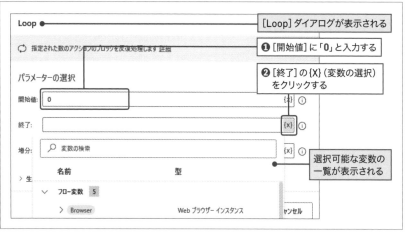

図8.27：［Loop］アクションの設定

Excelとwebサイトを操作する本格的なフローに挑戦しよう

深い階層まで潜って変数を選択します。結果的に「%ExcelData.Columns.Count%」
が選択されます。「%ExcelData.Columns.Count%」はデータテーブル［ExcelData］
の列数を示します（図8.28、図8.29）。

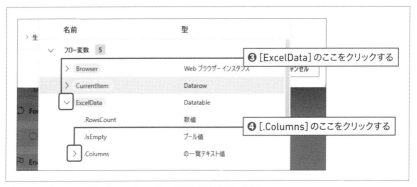

図8.28：データテーブル［ExcelData］の列数を示す変数の選択

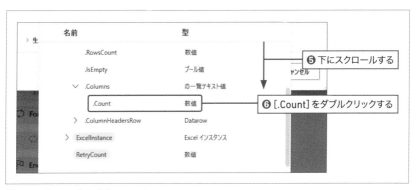

図8.29：［.Count］をダブルクリック

［終了］に入力された「%ExcelData.Columns.Count%」に変更を加え、「**%Excel Data.Columns.Count-1%**」とします。［開始値］が「0」なので、データテーブル ［ExcelData］の列数（5列）から「1」を引いています。次に［増分］を設定して 保存してください（**図8.30**）。

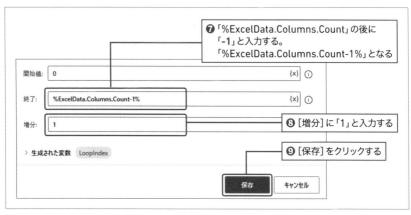

図8.30：［Loop］アクションの設定

この［Loop］アクションは結果的に「0」から「4」まで1ずつ増加しながら、5 回ループします（**図8.31**）。

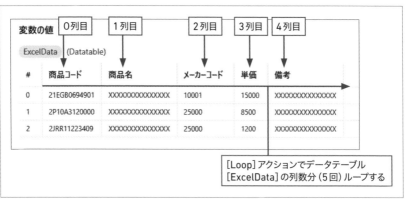

図8.31：［Loop］アクションは5回ループする

Excelとウェブサイトを操作する本格的なフローに挑戦しよう

STEP5 ［Webページ内のテキストフィールドに入力する］アクションを追加する（図8.32）

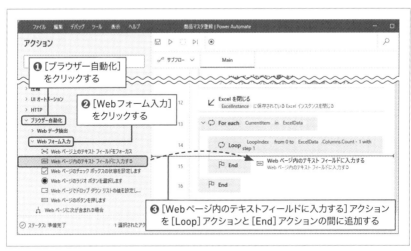

図8.32：［Webページ内のテキストフィールドに入力する］アクションの追加

STEP6 ［UI要素］を指定する

　［Webページ内のテキストフィールドに入力する］ダイアログが表示されるので、［商品コード］入力ボックスを［UI要素］に指定してください（図8.33）。詳しい設定方法は「**4.5　Webページのテキストボックスに入力するには**」を参照してください。

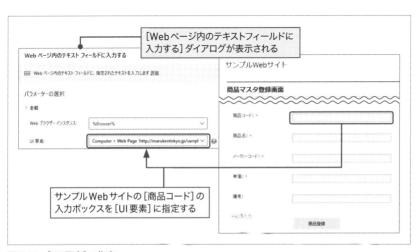

図8.33：［UI要素］の指定

8.6

Webサイトに商品マスタの内容を登録する

STEP7 ［テキスト］を指定して保存する（図8.34）

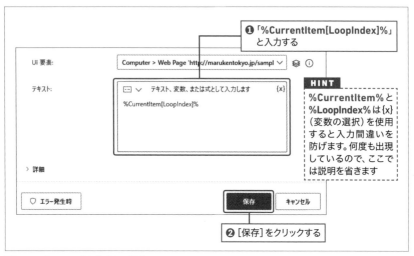

❶「%CurrentItem[LoopIndex]%」
と入力する

UI 要素: Computer > Web Page 'http://marukentokyo.jp/sampl ∨

テキスト: ◌─ ∨ テキスト、変数、または式として入力します {x}

%CurrentItem[LoopIndex]%

HINT

%CurrentItem%と
%LoopIndex%は{x}
（変数の選択）を使用
すると入力間違いを
防げます。何度も出現
しているので、ここで
は説明を省きます

› 詳細

♡ エラー発生時　　　　　　　　　　　　保存　　キャンセル

❷［保存］をクリックする

図8.34：［テキスト］を指定して保存

　「**%CurrentItem[LoopIndex]%**」の意味について解説します。変数［CurrentItem］
には、データテーブル［ExcelData］のデータ行（DataRowオブジェクト）が格納
されます。

　例えば、［For each］アクションの1回目ループのときは、変数［CurrentItem］
には、データテーブル［ExcelData］の0行目（0行目のDataRowオブジェクト）
が格納されています（**図8.35**）。

変数の値

ExcelData　(Datatable)

変数［**CurrentItem**］に格納されている

#	商品コード	商品名	メーカーコード	単価	備考
0	21EGB0694901	XXXXXXXXXXXXXXX	10001	15000	XXXXXXXXXXXXXX
1	2P10A3120000	XXXXXXXXXXXXXXX	25000	8500	XXXXXXXXXXXXXX
2	2JRR11223409	XXXXXXXXXXXXXXX	25000	1200	XXXXXXXXXXXXXX

図8.35：変数［CurrentItem］には、データテーブル［ExcelData］の0行目が格納される

「**%CurrentItem[LoopIndex]%**」と記述することで、変数［CurrentItem］の中の値が取得できます。例えば、変数［LoopIndex］の値が「0」のときは、変数［CurrentItem］の0列目の値ということなので、商品コード「21EGB0694901」が取得できます（図8.36）。

図8.36：変数［CurrentItem］の中の値を取得

STEP8 UI要素を変更する

［Webページ内のテキストフィールドに入力する］アクションの［UI要素］にサンプルWebサイトの［商品コード］入力ボックスを指定しました。
この UI要素をループ処理の中で動的に変更しながら、［商品名］入力ボックス、［メーカーコード］入力ボックス…と、［備考］までの**すべての入力ボックスを指定できるように**変更します。少し難しいですが、次の手順通りに設定してください（図8.37）。

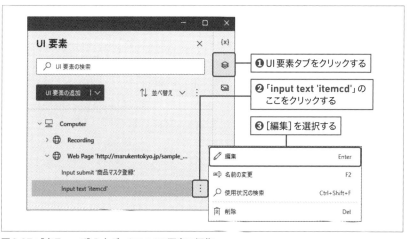

図8.37：［商品コード］入力ボックスのUI要素の編集

1
2
3
4
5
6
7
8
9

Excelとエクセルサイトを操作する本格的なフローに挑戦しよう

カスタムセレクタービルダーが表示されます（**図8.38**）。カスタムセレクタービルダーではセレクター（UI要素を特定する文字列のこと。「**4.4.1［Webページのボタンを押します］アクションについて学ぼう**」で詳しく解説している）を編集することができます。

図8.38：カスタムセレクタービルダーの表示

慎重に設定を変更してください（**図8.39**）。

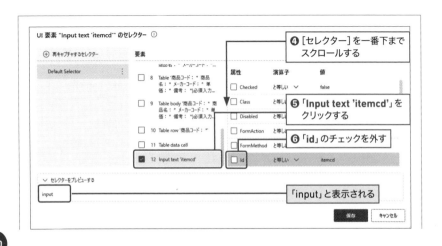

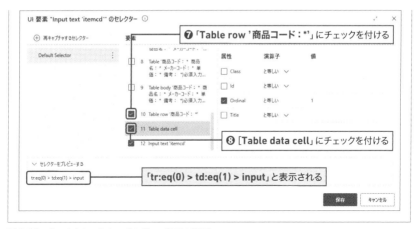

図8.39：カスタムセレクタービルダーで設定を変更

[テキストエディター] を [有効] にしてください。表示がテキストエディターに切り替わります（図8.40）。

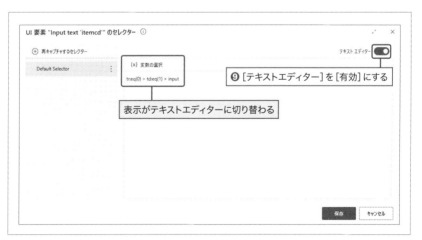

図8.40：テキストエディターに切り替わる

「tr:eq(0)」の「0」を消して、[{X} 変数の選択] をクリックしてください（図8.41）。

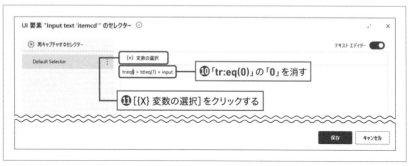

図8.41：テキストエディターで設定を変更

この段階でカーソルは「**tr:eq(**」の後ろにあります。変数を選択してください（図8.42）。

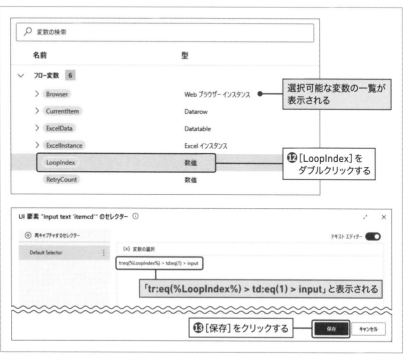

図8.42：テキストエディターで設定を変更

「**tr:eq(%LoopIndex%) > td:eq(1) > input**」というセレクターは、どのUI要素を示しているのかを確認しましょう。

商品コードなどの入力ボックス（input）はテーブル構造の中に配置されています。この構造を利用して各入力ボックスの場所を特定しています。例えば、変数 [LoopIndex] の値が「0」のときのセレクターは「**tr:eq(0) > td:eq(1) > input**」となり、「**テーブルの0行目・1列目のセルにある入力ボックス**」と特定できます（図8.43）。

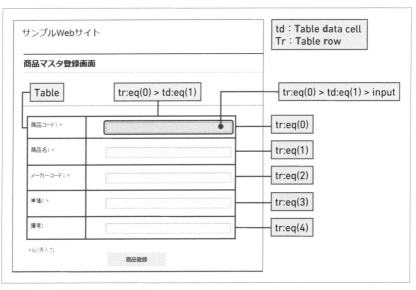

図8.43：セレクターが示すUI要素

STEP9 ［Webページのボタンを押します］アクションを追加する（図8.44）

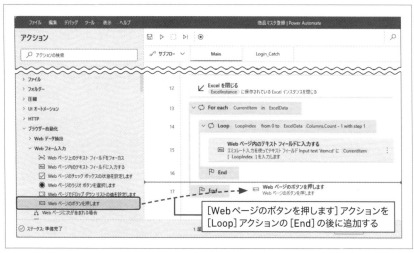

図8.44：［Webページのボタンを押します］アクションの追加

STEP10 ［Webページのボタンを押します］アクションを設定する

　［Webページのボタンを押します］ダイアログが表示されるので、サンプルWebサイトの［商品登録］を［UI要素］に指定してください（**図8.45**）。詳しい設定方法は「**4.4　Webページのボタンをクリックするには**」を参照してください。

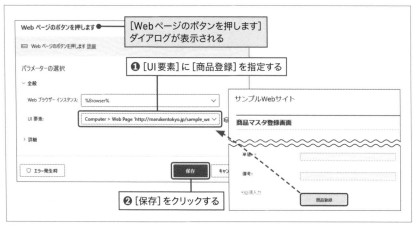

図8.45：［Webページのボタンを押します］アクションの設定

STEP11 サンプルWebサイトを操作する

アクションの設定は一休みして、サンプルWebサイトを操作してください。［商品コード］から［備考］までのすべてのテキストボックスに「a」と入力し（図8.46 ❶）、［商品登録］をクリックしてください（図8.46 ❷）。「以下の内容で登録されました」というメッセージが表示されます。

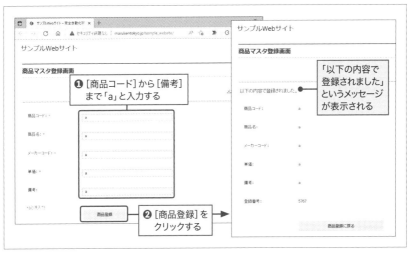

図8.46：サンプルWebサイトを操作する

STEP12 ［Webページのボタンを押します］アクションを追加する（図8.47）

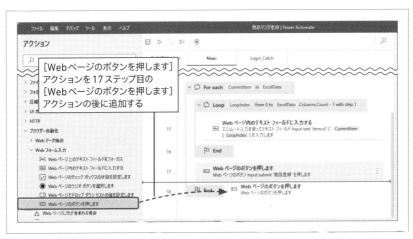

図8.47：［Webページのボタンを押します］アクションの追加

STEP13 ［Webページのボタンを押します］アクションを設定する

設定の手順は **STEP10** と同じです（図8.48）。

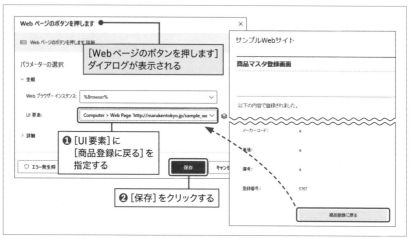

図8.48：［Webページのボタンを押します］アクションの設定

STEP14 ［Webブラウザーを閉じる］アクションを追加する（図8.49）

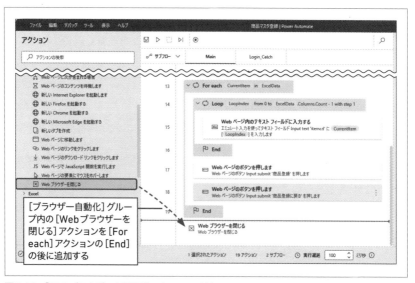

図8.49：［Webブラウザーを閉じる］アクションの追加

Excelとwebサイトを操作する本格的なフローに挑戦しよう

STEP15 [Webブラウザーを閉じる] アクションを設定する

[Webブラウザーを閉じる] ダイアログが表示されるので、何も設定せずに [保存] をクリックしてください。詳しくは**「4.3　ブラウザーを閉じるには」**を参照してください。

8.6.3 本セクションで作成したフローを確認する

難しい設定が多かったので大変でしたね。やっとフローが完成しました。本セクションで作成したフローを確認してください（**図8.50**）。

図8.50：本セクションで作成したフローを確認

8.6.4 ここまでのフローを実行しよう

フロー作成時に使用したサンプルWebサイトは閉じてから、フローを実行してください。**「8.6.1　Webサイトに商品マスタの内容を登録するフローの動作」**で解説している動作になったでしょうか？

違う環境でも動作するように修正する

前セクションで商品マスタのデータを登録するフローが完成しましたが、フローを実行する環境が変わると［商品マスタ.xlsx］のパスが変わってしまうため動かなくなります。

［商品マスタ.xlsx］のパスを環境に合わせて変化させましょう。

8.7.1 フローを修正する

STEP1 ［特別なフォルダーを取得］アクションを追加する（図8.51）

図8.51：［特別なフォルダーを取得］アクションの追加

STEP2 ［特別なフォルダーを取得］アクションを設定する（図8.52）

　詳細な操作手順は「**2.6　特別なフォルダーを取得するには**」を参照してください。

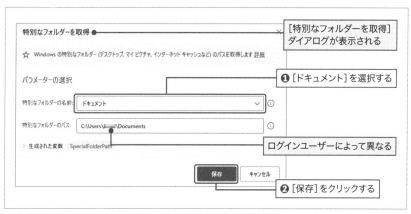

図8.52：［特別なフォルダーを取得］アクションの設定

STEP3 ［Excelの起動］アクションをダブルクリックする（図8.53）

図8.53：［Excelの起動］アクションをダブルクリック

STEP4 [Excelの起動] アクションの設定を変更する

[ドキュメントパス] の設定を変更します（図8.54）。

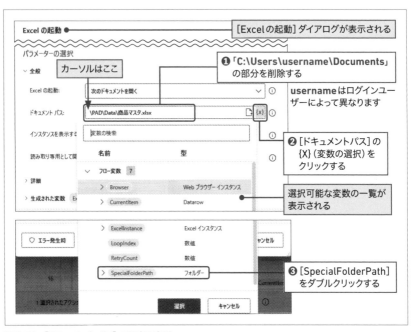

図8.54：[ドキュメントパス]の設定を変更

[ドキュメントパス] の設定が正しく変更されたことを確認して、保存します（図 8.55）。

図8.55：保存

ここまでのフローを実行しよう

フローを実行してください。商品マスタ登録画面が表示されるまでの動作は
「8.4.4 ここまでのフローを実行しよう」で解説しています。

その後の動作は**「8.6.1 Webサイトに商品マスタの内容を登録するフローの動作」**で解説している動作と同じであれば成功です。

📋 **MEMO** サンプルフローについて

このフローはサンプルフローの［**8 商品マスタ登録（Main）.txt**］と［**8 商品マスタ登録（Login_Catch）.txt**］に保存されています。

新規フロー［商品マスタ登録］を作成して、メインフローのワークスペースに、［**8 商品マスタ登録（Main）.txt**］を貼り付けてください。**貼り付けると2つエラーが表示**されます。5ステップ目の［**Webページ内のテキストフィールドに入力する**］アクションのダイアログを開き、［テキスト］に「**password**」と入力し、［保存］をクリックしてください。エラーが残りますが無視してください。

新規サブフロー［Login_Catch］を追加して、［**8 商品マスタ登録（Login_Catch）.txt**］を貼り付けてください。完成したらフローを保存してください。

違う環境でも動作するように修正する

関連セクション

［特別なフォルダーを取得］アクションについては以下のセクションで解説しています。

➡2.6 特別なフォルダーを取得するには

最終的に完成したフローの全体図は以下のセクションで確認してください。

➡8.3 これから作成するフローの全体図を把握する

⊨ CHAPTER9 ⊨

実践的な
業務自動化に使える
2つのアイデア

本Chapterでは2つの業務自動化のアイデアについて解説します。1つ目はExcelを使った帳票作成業務です。2つ目はExcelの送信先リストと連携したメール送信業務を取り上げました。

アクションごとの細かい解説は省いて、フローの流れを示します。実際の動作はサンプルフローを動かして確認してみてください。関連するセクションも載せていますので、不明点があれば、そこからたどってお読みください。

サンプルフローを動かして、内容を理解できたら、次は「自分の身近にあるどのような業務が自動化できるのか?」という目で見て、応用方法を考えてください。

9.1 データとマスタを結合して帳票を作成する

「毎朝、**売上明細データの入ったファイルと、自分で作成したマスタファイルと結合させて、必要なデータを作成している**」といった業務を行っていませんか？　この業務を自動化するフローについて解説します。

日々行う業務なので、自動化できたらとても楽になりますよね。売上データに限らず、同じような業務を探して応用すれば、大きな時短につながります。

9.1.1　フローを準備しよう

STEP1 ［Data］フォルダーに［売上明細1.xlsx］と［担当一覧.xlsx］が格納されていることを確認する（図9.1）

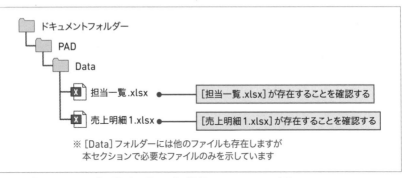

図9.1：［売上明細1.xlsx］と［担当一覧.xlsx］が格納されていることを確認

STEP2 新規フロー［Excelデータ結合］を作成する

「**1.8　新しいフローを作成する**」を参照して、新規フローを作成してください。新規フローの名前は「**Excelデータ結合**」としてください（図9.2）。

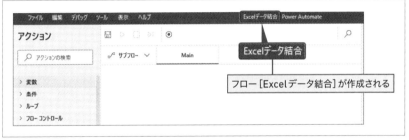

図9.2：新規フロー［Excelデータ結合］の作成

STEP3 フローをテキストファイルから貼り付ける

サンプルデータの［Flow］フォルダー内の［**9.1　Excelデータ結合.txt**］をフローデザイナーのワークスペースに貼り付けてください。フローの貼り付け方法は、P.xの「**サンプルフローの使い方**」を参考にしてください。

メインフローにアクションが復元されます。全部で21ステップあります（図9.3）。

図9.3：メインフローにアクションが復元

9.1.2 [担当一覧.xlsx]の担当者情報を[売上明細1.xlsx]に書き込む

　フローの準備が整ったので、ここからはフローの動作のイメージと実際のフローを追っていきましょう。[担当一覧.xlsx]の担当者情報を読み取ってデータテーブルに格納します（図9.4❶）。[売上明細1.xlsx]にワークシート[担当一覧]を追加して（図9.4❷）、データテーブルの内容を書き込みます（図9.4❸）。

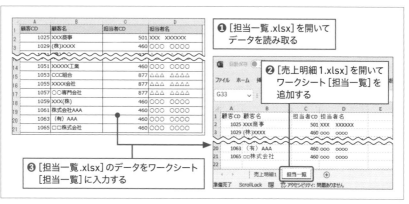

図9.4：[担当一覧.xlsx]の担当者情報を[売上明細1.xlsx]に書き込む

　この動作のフローを確認しましょう（図9.5）。

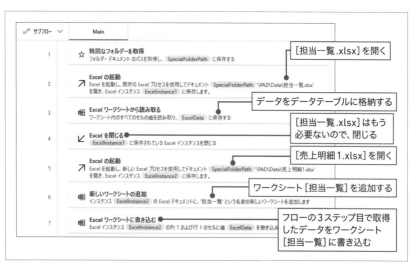

図9.5：[担当一覧.xlsx]の担当者情報を[売上明細1.xlsx]に書き込むフローを確認

9.1.3 ワークシート［売上明細1］に項目名と計算式を入力する

ワークシート［売上明細1］の1行目のE列からG列まで項目名を入力し、2行目にはワークシート［担当一覧］の顧客名、担当者CD、担当者名を抽出するVLOOKUP関数を入力します（図9.6）。

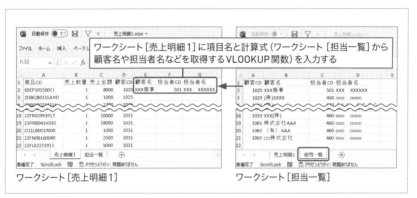

図9.6：ワークシート［売上明細1］に項目名と計算式を入力

この動作のフローを確認しましょう（図9.7）。

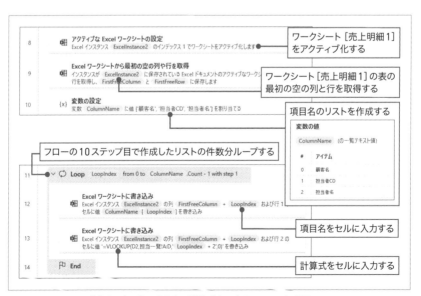

図9.7：ワークシート［売上明細1］に項目名と計算式を入力するフローを確認

9.1.4 計算式を一番下の行までコピーする

2行目のE列からG列に入力されている計算式を一番下の行までコピーします（図9.8❶）。計算式が残っていると、後ほどワークシート［担当一覧］を削除したときにエラーとなってしまうので、値に変換します（図9.8❷）。

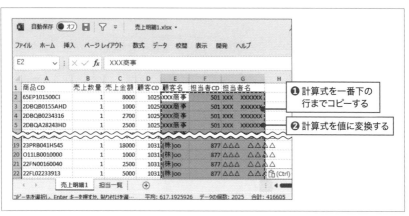

図9.8：計算式を一番下の行までコピーし、値に変換する

この動作のフローを確認しましょう（図9.9）。

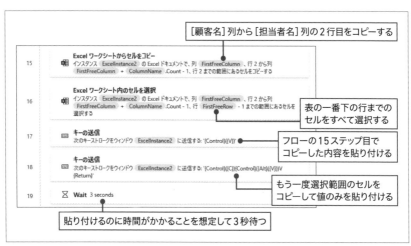

図9.9：計算式を一番下の行までコピーし、値に変換するフローを確認

9.1.5 ワークシート［担当一覧］を削除してExcelを閉じる

ワークシート［担当一覧］を削除し（図9.10❶）、［売上明細2.xlsx］という名前で保存して閉じます（図9.10❷）。

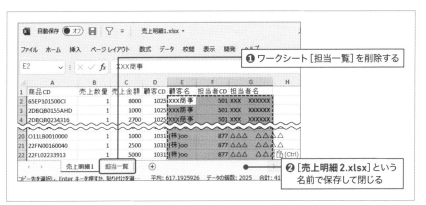

図9.10：ワークシート［担当一覧］を削除し、［売上明細2.xlsx］という名前で保存してExcelを閉じる

この動作のフローを確認しましょう。これが最後のフローです（図9.11）。

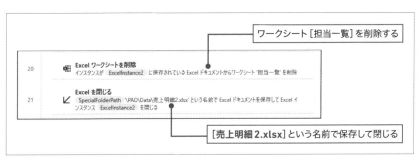

図9.11：ワークシート［担当一覧］を削除し、［売上明細2.xlsx］という名前で保存してExcelを閉じるフローを確認

9.1.6 実行しよう

フローを実行してください。フローが終了した後に［**売上明細2.xlsx**］が生成されていることを確認してください（**図9.12**）。

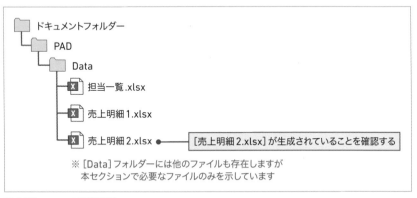

図9.12：フローの実行結果

［売上明細2.xlsx］をExcelで開いてください。1行目のE〜G列に項目名が入力されて（**図9.13❶**）、表の最終行（676行）まで顧客名や担当者名などのデータが入っているでしょうか？ 計算式ではなく値が入っていることも確認してください（**図9.13❷**）。ワークシート［担当一覧］が削除されていることも確認しましょう（**図9.13❸**）。

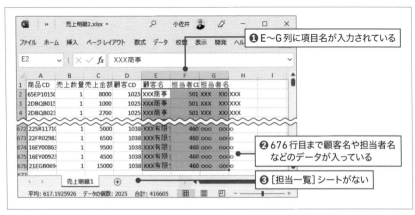

図9.13：［売上明細2.xlsx］をExcelで開く

Power Automate for desktopの2022年4月のアップデートで、コンソールに[例]というタブが追加されました。[例]をクリックして内容を見ると、[Excel自動化][Webオートメーション][デスクトップ オートメーション][日付処理][PDF自動化][テキスト操作]の6カテゴリに分類されています（**図9.14**）。

図9.14：コンソールに「例」が追加

各カテゴリをクリックすると複数のサンプルフローが登録されています（**図9.15**）。サンプルフローは英語の部分もありますが、動かしてみて参考にするといいでしょう。

図9.15：[Excel自動化]カテゴリ内のサンプルフロー

9.1.7 関連セクション

[特別なフォルダーを取得] アクションについては以下のセクションで解説しています。

⮑ 2.6　特別なフォルダーを取得するには

Excel操作については以下のセクションを参照してください。

⮑ 3.2　既存のExcelドキュメントを開くには

⮑ 3.3　Excelドキュメントを閉じるには

⮑ 3.4　Excelに新しいワークシートを追加するには

⮑ 3.5　ワークシートをアクティブ化するには

⮑ 3.6　Excelワークシート内のデータの範囲を把握するには

⮑ 3.8　Excelワークシートからデータを読み取るには

⮑ 3.10　Excelワークシートにテキストを書き込むには

⮑ 3.11　キー送信によってExcelを操作するには

実践的な業務自動化に使える2つのアイデア

9.2

Excelの送信先リストと
連携してメールを送信する

　　送信先リストを使用して複数の受信者にメールを送信するフローについて解説します。送信先リストはExcelドキュメントで作成されているため、宛先の追加や変更を柔軟に行うことができます。

　　メールサービスはMicrosoftアカウントを取得すると無料で使えるWebメールサービス「Outlook.com」を利用します（**図9.16**）。

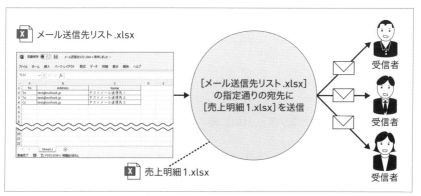

図9.16：Excelの送信先リストと連携してメールを送信する

HINT　　テストに使えるメールアドレスを用意してください

Microsoftアカウントに加えて、テストメールを受け取ることができるメールアドレスを用意してください。用意できない場合はMicrosoftアカウントだけでも、フローは動作します。

9.2.1 フローを準備しよう

STEP1 [Data] フォルダーに [メール送信先リスト .xlsx] と [売上明細1.xlsx] が格納されていることを確認する（図9.17）

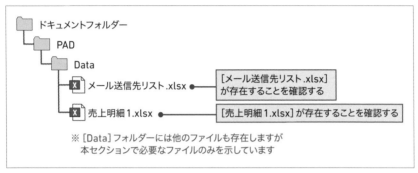

図9.17：[メール送信先リスト .xlsx] と [売上明細1.xlsx] が格納されていることを確認

STEP2 [メール送信先リスト .xlsx] のメールアドレスを変更する

[メール送信先リスト .xlsx] を開いて（Excelの保護ビューが表示された場合 [編集を有効にする] をクリックしてください）、メールアドレスを変更してください。できれば3つとも違うメールアドレスを設定した方がいいですが、用意できない場合は3つとも同じメールアドレスを入力しても動作します（**図9.18**）。

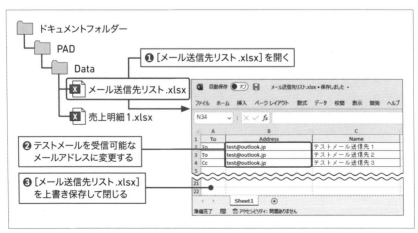

図9.18：[メール送信先リスト .xlsx] のメールアドレスを変更

STEP3 新規フロー［メール送信先リスト］を作成する

「**1.8　新しいフローを作成する**」を参照して、新規フローを作成してください。
新規フローの名前は**「メール送信先リスト」**としてください（図9.19）。

図9.19：新規フロー［メール送信先リスト］の作成

STEP4 フローをテキストファイルから貼り付ける

サンプルデータの［Flow］フォルダー内の［**9.2　メール送信先リスト.txt**］を
フローデザイナーのワークスペースに貼り付けてください。フローの貼り付け方法
は、P.xの**「サンプルフローの使い方」**を参考にしてください。
メインフローにアクションが復元されます。全部で14ステップあります（**図
9.20**）。

図9.20：メインフローにアクションが復元

STEP5 ［メールの送信］アクションの設定を変更する

［メールの送信］アクションをダブルクリックしてください（図9.21）。

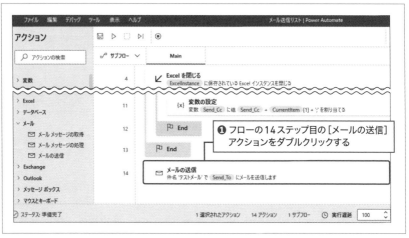

図9.21：［メールの送信］アクションをダブルクリック

　［メールの送信］アクションの設定を変更してください（図9.22）。SMTPサーバーの設定については「**5.1　メールを送信するには**」で詳しく解説していますので、参照してください。

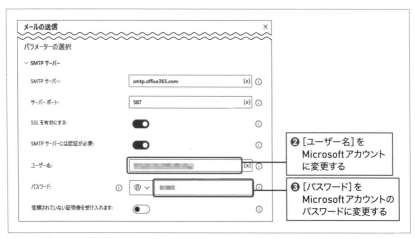

図9.22：［メールの送信］アクションの設定

実践的な業務自動化に使える2つのアイデア

[全般]の設定を行ってください（図9.23）。

図9.23：[全般]の設定

保存してください（図9.24）。

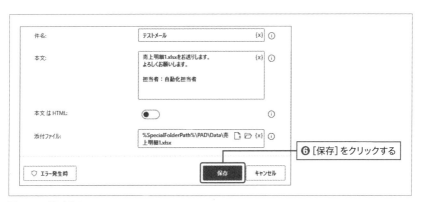

図9.24：[保存]をクリック

1
2
3
4
5
6
7
8
9

実践的な業務自動化に使える2つのアイデア

9.2.2 [メール送信先リスト.xlsx] からデータを取得する

フローの準備が完了しました。ここからはフローの内容を解説します。最初は [メール送信先リスト.xlsx] からデータを取得して、データテーブル [ExcelData] に格納します（図9.25）。

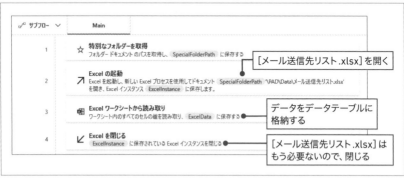

図9.25：[メール送信先リスト.xlsx] からデータを取得するフロー

9.2.3 ToとCcを格納するための変数を初期化する

変数 [Send_To] と変数 [Send_Cc] を作成して、初期値を格納します（図9.26）。

図9.26：変数を初期化

9.2.4 ＜ ToとCcにメールアドレスを格納する

変数［Send_To］と変数［Send_Cc］にメールアドレスを格納します。メールアドレスが複数ある場合は「; (セミコロン)」で連結したテキストが格納されます（図9.27）。

例）test1@XXXXX.co.jp;test1@XXXXX.co.jp

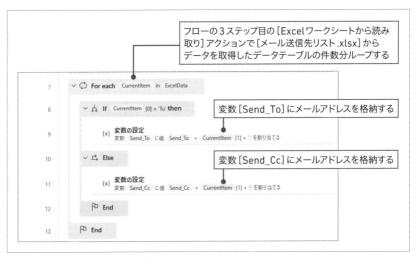

図9.27：変数にメールアドレスを格納するフロー

9.2.5 ＜ Outlook.comを利用してメールを送信する

メールを送信します。［メールの送信］アクションの設定は「**9.2.1　フローを準備しよう**」の **STEP5** を参照してください（図9.28）。

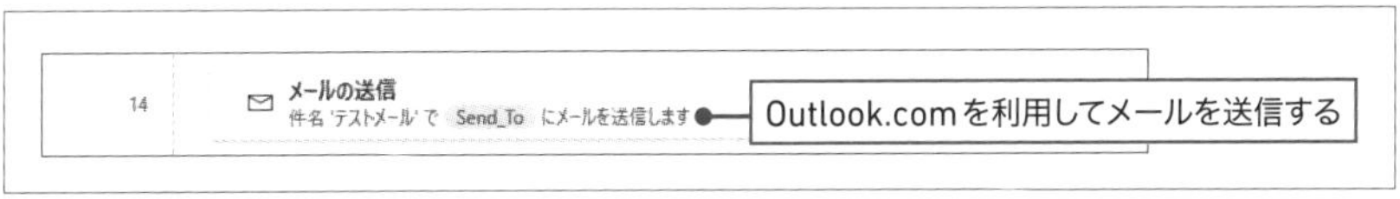

```
14    ✉ メールの送信
        件名 'テストメール' で Send_To にメールを送信します ●─── Outlook.comを利用してメールを送信する
```

図9.28：メールを送信するフロー

9.2.6 実行しよう

　フローを実行してください。フロー実行後に各メールアドレスで受信したメールはこのようになります（図9.29）。

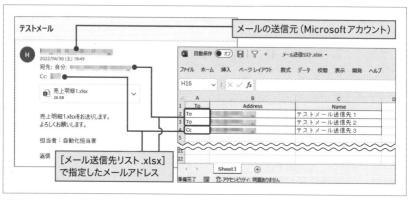

図9.29：フローの実行結果

　［メール送信先リスト.xlsx］で設定したすべてのメールアドレスにメールが送信されてきていることを確認してください。

9.2.7 関連セクション

　［特別なフォルダーを取得］アクションについては以下のセクションで解説しています。
　➡2.6　特別なフォルダーを取得するには

　テストメールを送信する方法は以下のセクションで解説しています。
　➡5.1　メールを送信するには

　［For each］アクションについては以下のセクションで解説しています。
　➡6.3　処理を繰り返すには（For each）

　［If］アクションについては以下のセクションで解説しています。
　➡6.4　条件により処理を分岐させる（If）

INDEX

小佐井 宏之 (こさい・ひろゆき)

福岡県出身。京都工芸繊維大学同大学院修士課程修了。まだPCが珍しかった中学の頃、プログラミングを独習。みんなが自由で豊かに暮らす未来を確信していた。あれから30年。逆に多くの人がPCに時間を奪われている現状はナンセンスだと感じる。業務完全自動化の恩恵を多くの人に届け、無意味なPC作業から解放し日本を元気にしたい。

株式会社完全自動化研究所代表取締役社長。

ホームページ： URL http://marukentokyo.jp/
Twitterアカウント：@hiroyuki_kosai

装丁・本文デザイン	大下 賢一郎
DTP	株式会社シンクス
検証協力	村上 俊一
校正協力	佐藤 弘文

Power Automate for desktop業務自動化最強レシピ
バ ワ ー オ ー ト メ イ ト フ ォ ー デ ス ク ト ッ プ

ＲＰＡツールによる自動化＆効率化ノウハウ
アールピーエー

2022年10月19日　初版第1刷発行
2024年 3 月 5 日　初版第2刷発行

著　者	株式会社完全自動化研究所(かぶしきがいしゃかんぜんじどうかけんきゅうじょ)
	小佐井 宏之(こさい・ひろゆき)
発行人	佐々木 幹夫
発行所	株式会社翔泳社(https://www.shoeisha.co.jp)
印刷・製本	株式会社ワコー

©2022 Robotic Automation Lab,Inc. Hiroyuki Kosai

※本書は著作権法上の保護を受けています。本書の一部または全部について(ソフトウェアおよびプログラムを含む)、
　株式会社 翔泳社から文書による許諾を得ずに、いかなる方法においても無断で複写、複製することは禁じられています。
※本書へのお問い合わせについては、iiページに記載の内容をお読みください。
※落丁・乱丁の場合はお取替えいたします。03-5362-3705までご連絡ください。

ISBN978-4-7981-7405-1　Printed in Japan